中华饮食
文化丛书

川菜

新东方烹饪教育　组编

中国人民大学出版社
· 北京 ·

图书在版编目（CIP）数据

川菜 / 新东方烹饪教育组编 . -- 北京 : 中国人民
大学出版社，2023.12
ISBN 978-7-300-32450-0

Ⅰ . ①川… Ⅱ . ①新… Ⅲ . ①川菜 — 菜谱 Ⅳ .
① TS972.182.71

中国国家版本馆 CIP 数据核字（2023）第 244510 号

中华饮食文化丛书

川菜

新东方烹饪教育　组编

Chuancai

出版发行	中国人民大学出版社				
社　　址	北京中关村大街 31 号		**邮政编码**	100080	
电　　话	010 - 62511242（总编室）		010 - 62511770（质管部）		
	010 - 82501766（邮购部）		010 - 62514148（门市部）		
	010 - 62515195（发行公司）		010 - 62515275（盗版举报）		
网　　址	http://www.crup.com.cn				
经　　销	新华书店				
印　　刷	北京瑞禾彩色印刷有限公司				
开　　本	787 mm × 1092 mm　1/16		**版　　次**	2023 年 12 月第 1 版	
印　　张	14		**印　　次**	2023 年 12 月第 1 次印刷	
字　　数	230 000		**定　　价**	52.00 元	

编写委员会

前言

川
菜

CHUANCAI

PREFACE

　　川菜是中国最具特色的地方风味流派之一，分为三大主流地方风味流派分支菜系：一是上河帮川菜，是以川西成都、乐山为中心的蓉派川菜，其特点为亲民平和，调味丰富，口味相对清淡，多传统菜品；二是小河帮川菜，是以川南自贡为中心的盐帮菜，同时包括宜宾菜、泸州菜和内江菜，以味厚、味重、味丰为其鲜明特色；三是下河帮川菜，以达州菜、重庆菜、万州菜为代表。它们代表川菜发展的最高艺术水平，并且在发展过程中还融入了具有悠久历史传统的素食佛斋寺观菜和民间市井家常风味菜，以宴席菜、便餐菜、家常菜、三蒸九扣菜、风味小吃为主要呈现方式。

　　现代川菜经历了清末民初后的定型发展时期，在改革开放后进入蓬勃发展时期，涌现出许多名店、名师、名菜，让川菜的技艺特点更加丰富多彩。随着现代信息技术、科学技术、物流交通的日新月异，各种新技法（如分子料理、糖艺等）、新物产（如雪花牛肉、生猛海鲜等）、新调料（蚝油、美极鲜酱油、西式香料等）也不断融入川菜中，相互碰撞融合，涌现出许多新的味型，川菜发展呈现出百花齐放的繁荣景象。

　　为更好地培养中、高级技能型烹饪人才，以及各省市级工匠型川菜人才，让烹饪爱好者了解和掌握川菜的烹饪技法，我们组织了行业内多位川菜烹

饪大师及新东方烹饪院校顶尖实操大师共同编写了本书，书中收录具有代表性的凉菜、热菜，以继承和发扬创新为宗旨，既有传统川菜，也有现代创新融合菜。一方面让读者熟悉川菜各地方风味，了解川菜的起源与发展及各个时期川菜的风格变化，掌握川东、川西、川南、川北、寺观菜、三蒸九扣等民间菜的制作工艺，明晓各地区的新派江湖菜的发源文化和制作规律，熟练掌握川菜制作流程及成菜特点；另一方面通过对一些具有代表性的现代川菜菜肴的介绍，让读者了解川菜制作的新思维、新知识、新材料、新技术、新成果，并把这"五新"运用于实际，旨在体现川菜技能的包容性、独特性、大众性以及和其他菜系（包括西餐、西点）的相互交融渗透、兼收并蓄、博采众长，展现现代川菜的特色和魅力。

　　本书不仅可供餐饮行业从业者参考学习，也可以作为烹饪院校教材使用。希望读者提出宝贵的指正意见，以便我们改进创新，为川菜的传承和发展做出应有的贡献。

目 录

川 菜 CHUANCAI

CONTENTS

代表名菜

酒店流行菜

话说川菜

一、川菜文化

川菜发源于古代的巴国和蜀国，到清朝末年逐渐形成一套成熟而独特的烹饪技术，成为一个风味特色浓郁的地方风味菜，与鲁菜、苏菜、粤菜并称为中国四大菜系，影响遍及海内外，有"食在中国，味在四川"之誉。

成都平原是长江流域文明的发源地之一，早在商朝以前，巴国、蜀国就已建立。陶制的鼎、釜等烹饪器具在当时已比较精美，也有了一定数量的菜肴品种。秦汉至魏晋，是川菜初步形成的时期。《华阳国志·蜀志》载："秦惠文、始皇克定六国，辄徙其豪侠于蜀，资我丰土。家有盐铜之利，户专山川之材，居给人足，以富相尚。"正是有了这样的物质条件，加之四川土著居民与外来移民在饮食及习俗方面的相互影响、融合，促进了川菜的发展。到了唐宋，四川尤其是成都平原的经济相当发达，人员流动较为频繁，川菜与其他地方菜进一步融合、创新，川菜由此进入蓬勃发展时期。这主要表现在四个方面：一是大量使用优质特产原料。唐朝杜甫、宋朝苏轼和陆游等都对四川特产原料如鲂鱼、雅鱼（丙穴鱼）、黄鱼和四季不断、丰富鲜美的蔬菜赞美不已。二是菜点制作精巧美妙。如孙光宪在《北梦琐言》中记述了魔芋菜肴的制作："镇西川三年，唯多蔬食。宴诸司，以面及蒟蒻之类染作颜色，用象豚肩、羊臑、脍炙之属，皆逼真也。"这些菜品采用"以素托荤"的方法，制作极为精巧，惟妙惟肖。三是筵宴形式独具特色。这时，将饮食与游乐有机结合的游宴和船宴已经普遍出现于四川各地，成都更是一年四季都有游宴，场面壮观、花费巨大，一度引来当时朝廷百官的非议。四是饮食市场迅速崛起。唐代张籍的《成都曲》中描写道："万里桥边多酒家，游人爱向谁家宿。"《岁华纪丽谱》中记载宋代成都的寒食节，官府"辟园张乐，酒垆、花市、茶房、食肆，过于蚕市"。

明清时期，川菜在前代已有的基础上博采各地饮食烹饪之长，进一步发展，逐渐成熟定型，形成一个特色突出且较为完善的地方风味体系。新中国成立后，尤其是 20 世纪 80 年代后，川菜进入繁荣创新时期，主要表现在以下三个方面：

（1）在烹饪技法上中外兼收。川菜不仅大量吸收和借鉴国内其他地区的烹饪技法，如广东的煲法、脆浆炸法，同时也吸收和借鉴国外烹饪技法，如日本常用的铁板烧等。

（2）肴馔风格的多样化、个性化、潮流化。当今川菜在设计、制作上更多地表现出文化性、新奇性、精细性、乡土性等特点，且菜肴品种翻新很快，创新的各类菜品常常给人以眼前一亮之感。

（3）筵宴日新月异，饮食市场空前繁荣。新的筵宴形式不断涌现，创新品种层出不穷，出现了小吃席、火锅席、冷餐会等。在饮食市场中，餐馆、酒楼数量繁多，类型丰富，个性十分鲜明。

此外，川菜在烹饪技术与理论方面也日趋规范化、系统化。

西晋文学家左思的《蜀都赋》细致地描述了川菜的烹饪原料、烹调技巧和筵席情况，是后人研究四川烹饪史的宝贵资料。东晋史学家常璩在《华阳国志》中，首次记述了巴蜀人"尚滋味""好辛香"的饮食习俗和烹调特色。唐宋时期，川菜已开始以其独特的风味赢得人们的赞美和称颂，许多名家诗文中都有对"蜀味""蜀蔬""蜀品"的赞美之词。到宋、明两代，川菜的风格更加突出，在北宋都城的饮食市场中还出现了专营四川风味菜肴的菜馆、饭店。到清代，川菜已成为一个地方风味十分浓郁的菜系。清代罗江人李化楠所著的饮食专著《醒园录》，系统地介绍了川菜的38种烹饪技法，还收集了部分食谱。据《成都通览》记载，清末时，成都的各种菜肴和风味小吃已有1328种之多。

晚清时成都名厨关正兴开设的"正兴园"，以菜精器美著称，是清末官场宴客的常处。关正兴善于吸收外地菜的长处，为己所用，为川菜的发展做出了杰出的贡献。近代著名的川菜大厨、被誉为"现代川菜奠基人"的蓝光鉴，以及蓝光鉴的徒弟、川菜大师孔道生等进一步对川菜进行改良升级，极大地推动了川菜的发展。四川省烹饪高等专科学校的建立为川菜的传承发展提供了实地研发平台。如今川菜馆已遍及全国各地和世界许多国家、地区，可谓享誉中外。

四川是一个包容性很强的省份，川菜也是在不断吸取外菜系的营养后发展起来的。纵观川菜的发展史，从来都不乏外地风味，从清朝中期"三山馆"的出现，到清末民初的都一处、便宜坊、楼外楼这些餐馆，以及今天我们看到的东西南北中各种风味齐聚四川的景观，都可以印证这一点。

改革开放以来，外地风味涌入四川，丰富了四川餐饮市场，满足了四川人的饮食需要，可以说是增加了一抹亮色。现代川菜融合南北、借鉴东西，淮扬菜、江西菜、京味与鲁菜都是其借鉴的对象。家常馆子则是川菜的根本，菜品油大味厚、善于小煎小炒、多用猪肉及家禽，最足以代表巴蜀饮馔大众化的特色。在川菜的发展中，家常菜馆的菜品绝大多数得以保存和流传，家常、鱼香、怪味、麻辣等味型的各种炒菜成为川菜的经典，不少菜品还被提高定型为新的筵席菜。

传承不守旧，创新不忘本，这是川菜人的座右铭，激励一代代川菜厨师，在传承的基础上创新，让川菜始终走在时代的前列。

二、川菜的特点

川菜以取材广泛、调味多变、菜式多样、口味清鲜、醇浓并重、善用麻辣调味著称，并以别具一格的烹调方法和浓郁的地方风味闻名。川菜的风味特点在相当大的程度上得益于四川山野河川的特产原料。川菜突出麻、辣、香、鲜、油大、味厚，重用"三椒"（辣椒、花椒、胡椒）和鲜姜，调味方法有干烧、鱼香、怪味、椒麻、红油、姜汁、糖醋、蒜泥等复合味型，享有"一菜一格，百菜百味"的美誉。

三、常用烹调技法

川菜常用的烹调技法有近四十种，最长于小炒、干煸、干烧等技法。小炒不过油、不换锅，急火短炒，芡汁现炒现兑，一锅成菜，嫩而不生，滚烫鲜香；干煸技法成菜，干香化渣，久嚼而不乏味；干烧菜肴系小火慢烧，用汤恰当，不用芡，自然收汁，汁浓亮油，味醇而鲜。

四、传统经典菜

四川气候温湿，江河纵横，沃野千里，六畜兴旺，菜圃常青，得天独厚的自然条件和丰富的物产资源，对川菜的形成和发展是极为重要且有利的。四川盛产粮油佳品，蔬菜瓜果四季不断，家禽品种繁多，水产品也不少，如江团、圆口铜鱼、鲟鱼、鲶鱼、墨鱼、岩原鲤、雅鱼等品质优异。山珍野味有虫草、竹荪、天麻、银耳、魔芋、冬菇、石耳、地耳等，还有许多优质调味品，如自贡井盐、内江白糖、阆中保宁醋、永川豆豉、郫县豆瓣、德阳酱油、茂汶花椒、新繁泡辣椒等。

五、酒店流行菜

改革开放以来，国家经济高速发展，餐饮业呈现百家齐放、万舸争流的局面。

酒店流行菜的最大特点是调味变化的多样性，以口味多、广、厚著称。它的味别主要有咸鲜、家常、麻辣、香辣、鱼香、姜汁、糊辣、糖醋、甜香、荔枝、咸甜、五香、红油、蒜泥、椒麻、芥末、怪味、酸辣、椒盐、甜酸、香糟、酱香、豆瓣、陈皮、麻酱等几十种。川菜善于运用花椒、胡椒和辣椒。川菜厨师对辣椒的运用，尤有独到之处，仅以辣椒制成的调料品种，就有干辣椒、泡辣椒、水红辣椒、辣椒面、熟油辣椒、辣椒油等。

川菜厨师对辣椒的使用方法灵活多样，远为其他菜系所不及。他们能根据菜品烹制的需要择善而用，如鱼香味用泡红辣椒，因为它除了具有丰富的辣椒素外，还具有四川泡菜的特殊风味；家常味用郫县豆瓣，因其味醇正鲜香；宫保类菜肴非用干辣椒不可，其味香辣，炝入主料后有辣而不烈、富有回味的特点；红油鸡片则需用辣椒油，因为它色泽红亮、香而微辣；麻婆豆腐则需取郫县豆瓣和辣椒面并用，这样才能集两者之长；水红辣椒多用于干煸时蔬，取其辣味清香。川菜对辣味的运用具有不燥、适口、有层次、有韵味等独特的风格。

物流的畅通，网络时代的来临，国内外新颖食材、调味品不断涌入，新技术（分子料理、糖艺、面塑等）的交流日益增多，为川菜注入新的活力的同时，也让酒店流行菜焕发出强大的生命力、创造力和竞争力。

凉菜

1. 鸡丝凉面

凉面古称"冷淘"。据说唐代诗人杜甫爱吃凉面，他在《槐叶冷淘》一诗中介绍，用槐树叶榨取汁，与新磨的面粉揉在一起，做成手工面，入锅煮至断生，这样的凉面，吃起来比粳米做的饭还香。宋代大文豪苏东坡在《二月十九日携白酒鲈鱼过詹使君食槐叶冷淘》中，用"青浮卵碗槐芽饼"来描写凉面。

到了清代，凉面更是成为四川人一日三餐中常见的小吃或主食。《帝京岁时纪胜》中记载，夏至时"家家俱食冷淘面"。

操作视频

准备材料

主料：水面 150g；

辅料：豆芽 50g，鸡脯肉 50g；

配料：红小米辣圈 50g，姜片 20g，葱段 20g，蒜米 30g，芹菜花 30g，葱花 20g，芝麻 10g，花生碎 15g；

调料：盐 3g，白糖 10g，味精 3g，香油 10g，红油 75g，花椒油 10g，醋 30g，花椒面 2g，料酒 50g，生菜油 75g。

制作步骤

① 水面投入 2500 毫升沸水中，大火煮至断生捞出，加入生菜油，拌匀后摊散晾凉待用。

② 豆芽沸水下锅，焯水断生后捞入凉白开中过凉待用。

③ 鸡脯肉投入 1500 毫升冷水锅中，加入姜片、葱段、料酒去腥，大火烧沸，打去浮沫后转中小火煮至断生，捞出晾凉。

④ 顺鸡脯纹路将其撕成细丝待用。

⑤ 碗中加入蒜米、红小米辣圈，掺入鲜汤 250g，加入盐、味精、白糖、醋、花椒面、花椒油、红油、香油调味，撒上芝麻、花生碎增香，混合均匀后倒入盛器中。

⑥ 盛器中放入芹菜花、凉面和鸡丝，撒上葱花加以点缀即可。

🍲 **注意事项**

1. 煮面条时，注意火候和时间的把控，不宜太软；

2. 注意调味，麻辣酸鲜甜，互不压味，层次分明。

2. 夫妻肺片

相传，清朝末年，成都街头巷尾就有许多挑担、提篮叫卖凉拌肺片的小贩，他们将成本低廉的牛杂碎边角料，经清洗、卤煮后切片，佐以酱油、红油、辣椒、花椒面、芝麻面等拌食，风味别致。20世纪30年代，中江人郭朝华和妻子张田政以制售凉拌肺片为业，他们在成都半边桥附近设店出售，店名为"夫妻肺片"。他们制售的"肺片"颜色红亮、辣鲜香、细嫩化渣，味道一绝，口碑逐渐传播开来。"夫妻肺片"之名一直沿用至今。

操作视频

准备材料

主料：牛腱肉 150g，牛心 100g，牛舌 100g，牛肚 50g，牛头皮 50g；

辅料：芹菜段 20g，香菜段 3g，黄瓜片 30g；

配料：芝麻 5g，花生仁 10g，姜片 50g，葱段 30g，蒜米 30g，红小米辣圈 5g，八角 5g，山奈 5g，桂皮 5g，香叶 5g；

调料：盐 5g，白糖 5g，味精 3g，香油 10g，酱油 10g，红油 70g，花椒油 20g，干花椒 3g，花椒面 3g，料酒 20g，葱油 10g，刀口辣椒 30g。

制作步骤

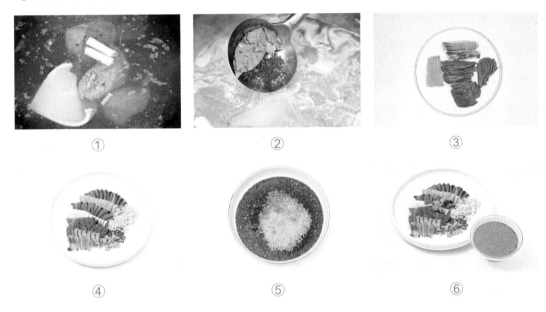

① ② ③

④ ⑤ ⑥

① 将主料投入装有 3000 毫升冷水的锅中，加入姜片、葱段、料酒、干花椒，大火煮沸，撇去血沫。

② 加入八角、山奈、桂皮、香叶，卤熟捞出待用。

③ 将卤熟的主料切成 0.2cm 厚的片。

④ 将肉片按照颜色一深一浅对折叠放于盘中，肉片旁边配上芹菜粒、黄瓜片、蒜米、红小米辣圈和花生仁，摆盘待用。

⑤ 碗中加入鲜汤、盐、味精、酱油、花椒面、刀口辣椒、白糖、花椒油、香油、葱油和红油，调匀成味汁待用。

⑥ 食用时可将味碟配在盛器旁或淋于肉片上拌匀即可。

注意事项

1. 在卤煮主料时应注意时间与火候的把握。

2. 调味时应注意盐味比例，味型需层次分明。

3. 糖醋排骨

操作视频

准备材料

主料：猪排骨 500g；
辅料：话梅 150g；
配料：姜片 50g，葱段 10g；
调料：糖色 50g，料酒 10g，花椒 3g，白糖 5g，盐 5g，芝麻 5g，香油 5g，醋 20g。

制作步骤

① 猪排骨洗净砍成长约 3cm 的节，倒入装有 2000 毫升冷水的锅中，下入姜片、葱段、花椒、料酒，大火烧沸，撇去浮沫，转小火煮至离骨捞出。

② 话梅装碗，用温水泡发。

③ 净锅上火，入油 300g，油温升至 6 成热，下入猪排骨，炸至紧皮定型、表面微黄捞出。

④ 净锅上火，入油 20g，油温升至 3 成热，下入姜片、大葱段，大火炒香，加入排骨节，倒入鲜汤 500 克，加入盐、白糖、醋、糖色，转中火收汁。

⑤ 加入话梅，翻炒均匀后淋上香油，起锅装盘。

⑥ 撒上芝麻成菜。

注意事项

1. 排骨煮制和炸制时，注意火候、油温及时间的把控。

2. 收汁时注意火力的控制。

3. 注意盐、糖比例的调配把控。

4. 陈皮牛肉

陈皮牛肉是由清末御厨黄晋林创制的。当时朝廷派官员出差，一路上，总要带点东西佐酒、下饭，而且又要对身体有所补益。黄晋林便动脑筋，将中药陈皮和牛肉搭配，再加入一些佐料做成了陈皮牛肉，此菜能放较长时间而不变味。

操作视频

准备材料

主料：牛腱子肉 300g；

辅料：陈皮 100g，鲜橙皮 50g；

配料：姜片 10g，大葱段 10g，八角 3g，山柰 3g，桂皮 3g，香叶 3g，小茴 3g；

调料：芝麻 5g，红油 50g，白糖 3g，盐 3g，鸡精 2g，干花椒 3g，料酒 10g，糖色 10g，干辣椒 3g，香油 20g，胡椒粉 3g，味精 3g。

制作步骤

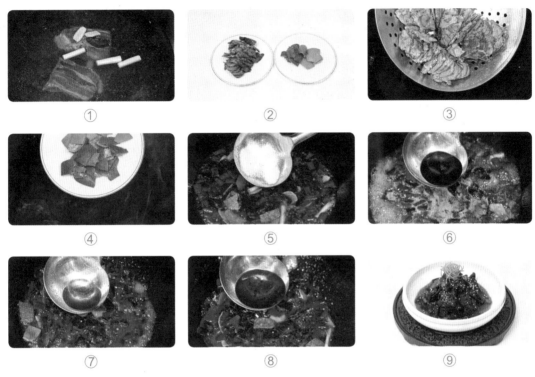

① 将牛腱子肉放入装有 1000 毫升冷水的锅中，加入姜片、葱段、料酒和胡椒粉，大火烧沸后撇去浮沫，加入八角、山柰、桂皮、香叶、小茴、干花椒、干辣椒、盐和鸡精，转小火卤制入味。

② 把卤好的牛腱子肉切成 0.3cm 厚的片，鲜橙皮改刀成小块，陈皮泡水涨发待用。

③ 净锅上火，入油 500g，油温升至 5 成热，下入牛腱肉片，炸至牛肉紧致，捞出控油待用。

④ 净锅上火，入油 30g，油温升至 3 成热，下入陈皮和鲜橙皮炒香。

⑤ 加入干辣椒和干花椒炒香，加入姜片、葱段炒香，加入鲜汤，加入炸好的牛肉，加入白糖、鸡精、盐，大火烧沸。

⑥ 加入糖色，转中火煮制待牛肉回软。

⑦ 转大火收汁浓稠后加入香油。

⑧ 加入红油增色，起锅装盘。

⑨ 撒上芝麻即可成菜。

☕ 注意事项

1. 收汁时要用中小火，收至味浓即可。

2. 炸制时，注意油温和火的控制。

3. 卤制时要用小火慢卤，这样牛肉更入味。

操作视频

准备材料

主料：毛肚 200g；
辅料：黄瓜丝 50g，香菜段 30g；
配料：姜片 50g，葱段 50g，蒜米 30g，红小米辣圈 20g；
调料：料酒 30g，盐 3g，白糖 5g，胡椒粉 5g，香油 5g，藤椒油 5g，味精 5g，葱油 10g，辣鲜露 10g，
　　　鲜青花椒 5g。

制作步骤

① ② ③

④ ⑤ ⑥

① 将毛肚放入装有 1000 毫升冷水的锅中，加入姜片、葱段、胡椒粉和料酒，煮至断生。

② 将毛肚捞出后迅速冲凉，控水备用。

③ 碗中加入红小米辣圈、盐、味精、白糖、辣鲜露、开水、蒜米、香油、葱油、藤椒油，拌匀调制成
　汁水备用。

④ 毛肚铺在菜板上，放上黄瓜丝和香菜卷成卷。

⑤ 碗中加入鲜青花椒，舀入 50g 6 成油温热油待用。

⑥ 将味汁倒入盛器中，摆好毛肚卷，放上过油后的鲜青花椒，放上香菜点缀成菜。

> 🍲 注意事项
>
> 1. 毛肚煮的时间不宜过长。
> 2. 调味汁时注意调味料的投放比例。

操作视频

准备材料

主料：海螺肉 200g；
辅料：青二荆条 200g；
配料：姜片 10g，葱段 15g，蒜米 20g，红小米辣丝 5g，葱花 5g；
调料：料酒 20g，香油 5g，盐 3g，白糖 5g，蚝油 10g，葱油 5g。

制作步骤

① 海螺洗净后取肉切片，装盘备用。
② 净锅上火，加入清水，大火烧沸后加入姜片、葱段和料酒，加入螺片烫制 30 秒去腥，捞出冲凉备用。
③ 炒锅上火、入油，油温升至 3 成热，加入青二荆条小火煸炒至表面焦黄起虎皮，加入盐炒匀出锅。
④ 将炒好的虎皮二荆条切成 1cm 长的段备用。
⑤ 在装螺片的碗中，加入虎皮二荆条段、盐、白糖、蒜米、蚝油、香油和葱油，拌匀装盘。
⑥ 放上红小米辣丝和葱花点缀成菜。

♨ 注意事项

1. 烫制螺片的时间不宜过久。
2. 调味时注意调味品投放顺序和投放比例。

操作视频

准备材料

主料：荞面 150g；

辅料：鳝鱼片 100g；

配料：姜片 10g，葱段 20g，蒜米 20g，红小米辣末 10g，花生碎 10g，芝麻 10g，芹菜花 10g；

调料：白糖 2g，陈醋 15g，香油 5g，美极鲜 5g，盐 3g，红油 15g，辣鲜露 10g，料酒 10g，生抽 5g。

制作步骤

① 　　　　　　　② 　　　　　　　③

④ 　　　　　　　⑤ 　　　　　　　⑥

① 将荞面放入温水中，完全泡透后捞出控水备用。

② 净锅上火，加入清水 500 毫升，大火烧沸后加入姜片、葱段和料酒，加入鳝鱼片煮至断生后捞出，过凉备用。

③ 将鳝鱼片切成筷子条装盘备用。

④ 碗中放入红小米辣末、芹菜花、蒜米和沸水，加入盐、白糖、陈醋、生抽、辣鲜露、美极鲜、香油、红油、芝麻和花生碎，拌匀调制成味汁。

⑤ 盛器中倒入味汁，放入泡好的荞面和鳝鱼丝，撒上芝麻和花生碎。

⑥ 放上葱花点缀成菜。

> 🍲 注意事项
>
> 1. 荞面浸泡时间要足够。
> 2. 鳝鱼片煮至断生即可，不易久煮。

操作视频

准备材料

主料：牛里脊 500g;
辅料：干辣椒丝 5g;
配料：姜片 15g，葱段 15g，香叶 5g，八角 5g，山柰 5g，桂皮 5g，干辣椒 5g;
调料：红油 100g，盐 3g，干花椒 5g，料酒 10g，白糖 10g，鸡精 3g，香油 5g。

制作步骤

① ② ③

④ ⑤ ⑥

① 将牛里脊肉放入 1500 毫升冷水的锅中，加入姜片、大葱段、料酒，大火烧沸后撇去浮沫，捞出沥水备用。

② 净锅上火，加入清水 1500 毫升，加入姜片、大葱段和牛里脊，加入八角、山柰、桂皮、香叶、干花椒、干辣椒，加入盐、鸡精和料酒，大火烧沸后转小火卤制。

③ 将卤制好的牛肉顺筋撕成 0.2cm 的细丝备用。

④ 净锅上火，加入油 500g，油温升至 4 成热，加入牛肉丝，小火浸炸至酥脆捞出控油。

⑤ 将炸好的牛肉丝装入碗中，撒上白糖、淋上红油和香油，浸泡至酥软后夹出牛肉丝装盘。

⑥ 放上干辣椒丝点缀成菜。

> 📇 注意事项
> 1. 炸制牛肉丝时，应注意油温及火候的掌控。
> 2. 牛肉浸泡时间要足够。

操作视频

准备材料

主料：三黄鸡 500g；
辅料：罗汉笋 100g；
配料：蒜米 10g，姜片 10g，大葱段 15g；
调料：盐 5g，鸡汁 5g，香油 10g，料酒 10g，白糖 5g，黄栀子 3g，干花椒 3g，干青花椒 5g，花椒油 10g，葱油 10g。

制作步骤

①　②　③

④　⑤　⑥

① 净锅加入清水 1500 毫升，加入三黄鸡、姜片、大葱段、干花椒、黄栀子和料酒，大火烧沸后转小火焖 20 分钟。
② 罗汉笋切成长 5cm、宽 3cm 的薄片。
③ 另起锅，加入清水 500 毫升，放入罗汉笋片，大火焯熟后捞出过凉，沥水备用。
④ 焖好的三黄鸡放凉后切成厚约 0.3cm 的片备用。
⑤ 将葱切成葱花，与干青花椒混合剁细，制成椒麻备用。
⑥ 碗中放入鸡片和罗汉笋片，加入盐、白糖、鸡汁、花椒油、葱油、香油、椒麻和蒜米，拌匀后装盘成菜。

🍲 注意事项

1. 焖煮三黄鸡时，应注意火候的把控。
2. 注意调味品的投放顺序及投放比例。

操作视频

准备材料

主料：核桃仁 300g；
配料：芝麻 50g；
调料：麦芽糖 100g，盐 5g，白糖 100g。

制作步骤

① ② ③

④ ⑤ ⑥

① 净锅加入清水，将洗净的核桃仁下锅。
② 加入盐，焯水去异味后捞出桃仁，冲水洗净，沥干备用。
③ 净锅上火，加入清水，放入白糖、麦芽糖，中小火熬化，转大火顺时针搅动熬至黏稠。
④ 加入核桃仁，翻炒均匀后加入热油，炸至酥脆捞出。
⑤ 平铺在盘中，趁热撒上芝麻，自然放凉。
⑥ 装盘成菜。

☺ 注意事项

　1. 核桃仁焯水时加入盐可去异味。
　2. 炒糖时注意火候控制，不要炒煳。

热菜

传统经典菜

11. 回锅肉

　　传说，回锅肉是由清末一位姓凌的翰林偶然发明的。根据成都的传统，祭祀后家人就一起享用祭肉。凌翰林因为爱吃煎炒类菜肴，便将祭肉切片放入炒锅翻炒，又加入盐、花椒、酱油、豆瓣、醪糟汁和青蒜。没想到其味香美无比，左邻右舍纷纷仿效，回锅肉就这样诞生了。

　　然而，真相并非如此，回锅肉的源头可以追溯到北宋，具体于何时诞生、由何人炮制、自何时流行已无法考证。古时称为"油爆肉"，味道偏向于咸鲜，到了明清时期，辣椒的传入，使回锅肉基本定型。清末豆瓣的创制，大大提升了回锅肉的口感和品质，使回锅肉成为川菜中著名的一道菜。

操作视频

准备材料

主料：后腿肉 400g；
辅料：蒜苗段 200g；
配料：姜片 23g，葱段 30g；
调料：豆瓣 75g，甜面酱 20g，酱油 15g，味精 5g，白糖 3g，料酒 25g，花椒 2g。

制作步骤

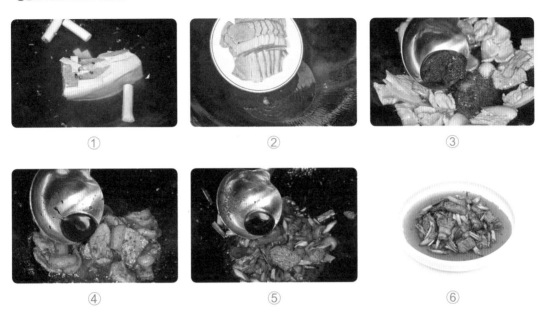

① ② ③

④ ⑤ ⑥

① 将后腿肉放入 2500 毫升冷水锅中，加入姜片、葱段、花椒、料酒，大火烧沸后撇去浮沫，转小火煮至断生，捞出晾凉备用。

② 将晾凉的肉切成约 0.3cm 厚的大片，加入 3 成油温的热油中，炒至肥肉吐油，瘦肉无水分，炒出香味。

③ 加入豆瓣炒至出色、出香。

④ 加入甜面酱炒至着色出味。

⑤ 放入蒜苗段，炒至断生，加入味精、白糖和酱油调味，翻炒均匀。

⑥ 起锅装盘成菜。

🍲 注意事项

1. 煮肉时冷锅下水，火不宜大，肉约 7 成熟即可。

2. 制熟的肉晾凉更容易切，最好皮肉相连。

3. 炒制时注意火力变化，切勿将肉完全炒干，炒焦会影响口感。

12. 盐煎肉

传说，自贡有一位姓李的商人，想做贩盐的生意，便在家宴请盐运使。盐运使对他说："想要做一个盐商，首先要会用盐，你做一个菜，让我们尝尝井盐有多好吃。"老李只好硬着头皮到了厨房，却发现家里珍贵的食材都用在接待盐运使的酒桌上了，只剩下几棵大葱和一个猪后腿。他只好把肥瘦相间的猪肉切成片，直接放入锅中。肥肉慢慢融化，油脂融入瘦肉之中，加入葱、姜、蒜提味后再加入井盐翻炒。

老李将这道卖相并不算好看的菜端上了酒桌。盐运使夹起一片肉，细细品味，觉得干香酥嫩，滋味浓香，大加赞赏。老李就凭借这道"盐煎肉"成功做了盐商。现在，盐煎肉是四川家常风味菜肴的代表作，被称为回锅肉的"姐妹菜"。

操作视频

🍃 准备材料

主料：去皮二刀肉 300g；
辅料：蒜苗节 200g；
调料：酱油 5g，盐 3g，料酒 15g，白糖 3g，豆豉 10g，豆瓣酱 50g。

🍃 制作步骤

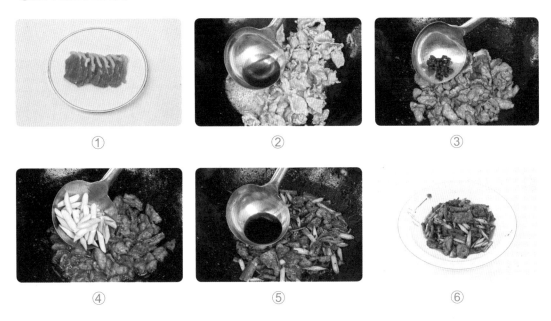

① 肉洗净后切成约 0.3cm 厚的大片。

② 净锅上火，加入油 100g，油温升至 5 成热时，加入肉片，大火快炒，加入盐、料酒，转小火煎至肉质干香、无水分。

③ 加入豆瓣酱，炒香出色后加入豆豉炒至酥香、色红、味浓。

④ 转大火，放入蒜苗节，快速炒至断生。

⑤ 加入白糖、酱油，翻炒均匀后出锅。

⑥ 装盘成菜。

🍲 注意事项

1. 选料用肥瘦三七分的去皮二刀肉。

2. 刀工处理时肉片可略大、略厚。

3. 煎制时小火慢煎至干香，炒制时大火快炒至上色上味。

13. 水煮牛肉

明清时期，自贡盐场以牛为动力推车汲卤，因而常有被淘汰的役牛需宰杀，而当地用盐又极为方便，于是盐工们将牛宰杀，取肉切片，放在盐水中加花椒、辣椒煮食，其肉嫩味鲜，因此得以广泛流传，成为民间一道传统名菜。后来，厨师又对用料和制法进行改进，成为流传各地的名菜。此菜中的牛肉片，不是用油炒的，而是在辣味汤中烫熟的，故名"水煮牛肉"。

操作视频

准备材料

主料：牛肉 200g；

辅料：蒜苗段 75g，芹菜段 75g，青笋尖片 100g；

配料：姜米 15g，蒜米 15g，葱花 30g，香菜 30g；

调料：刀口辣椒 50g，豆瓣 75g，酱油 10g，盐 4g，料酒 15g，味精 5g，白糖 3g，鲜汤 250g，水淀粉 15g。

制作步骤

① ② ③

④ ⑤ ⑥

① 牛肉切成长 5cm、宽 3cm、厚 0.3cm 的薄片，加盐、酱油、料酒、水淀粉码味上浆。

② 炒锅入油 30g，油温升至 3 成热时，加入蒜苗段、芹菜段、青笋尖片炒至断生，加盐调味，翻炒均匀后起锅装入盛器中打底。

③ 炒锅入油 60g，油温升至 3 成热时，加入豆瓣炒香出色，加入姜米、蒜米、葱花炒香，加入鲜汤，加入酱油、味精调味，大火烧沸后转小火，加入牛肉片滑散煮至肉片伸展、外表发亮，捞出装入盛器中。

④ 牛肉片上撒上刀口辣椒备用。

⑤ 炒锅入油 80g，油温升至 4 成热时，浇到辣椒上。

⑥ 盛器中心放上香菜成菜。

注意事项

1. 牛肉要选用瘦黄牛肉里脊。

2. 牛肉片要切得厚薄均匀。

3. 牛肉片下热汤锅，滑至颜色转白断生即起锅，受热时间不宜过长，以免肉质变老。

14. 肝腰合炒

操作视频

准备材料

主料：猪肝 100g，猪腰 100g；

辅料：木耳 20g，鲜菜心 50g；

配料：姜片 15g，蒜片 10g，葱段 15g，泡姜片 10g，马耳朵泡椒 15g，马耳朵葱 10g；

调料：豆瓣酱 20g，酱油 15g，料酒 15g，淀粉 20g，白糖 3g，盐 2g，鸡精 3g，胡椒粉 5g，干花椒 2g，醋 5g。

制作步骤

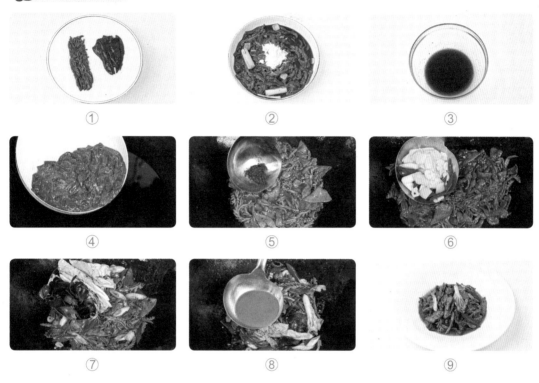

① ② ③

④ ⑤ ⑥

⑦ ⑧ ⑨

① 猪腰对剖，去猪臊后剞十字花刀，切麦穗形，猪肝洗净后切薄片。

② 猪腰、猪肝放入碗中，加入姜片、葱段、料酒、盐、胡椒粉、酱油，拌匀码味 5 分钟，加入淀粉，拌匀后备用。

③ 碗中放入鸡精、胡椒粉、白糖、酱油、醋、淀粉和清水，调匀成味汁待用。

④ 净锅上火，加入油 500g，油温升至 6 成热时，下入猪肝、猪腰，滑炒散后捞出沥油备用。

⑤ 炒锅上火，加入油 100g，油温升至 5 成热时，下入炒散后的猪肝、猪腰，加豆瓣酱炒香出色。

⑥ 加入泡姜片、蒜片、马耳朵泡椒、马耳朵葱炒香。

⑦ 加入木耳和菜心，快速炒匀。

⑧ 烹入味汁，收汁亮油。

⑨ 出锅装盘。

🍲 注意事项

1. 炒制时火一定要大，动作迅速，不宜久炒。

2. 鲜菜心可根据个人喜好和季节性添加。

3. 家常做法的肝腰合炒没有固定口味，味重味大即可。

操作视频

准备材料

主料：净瘦肉 200g；
辅料：青笋片 100g，水发木耳片 50g；
配料：姜片 10g，蒜片 10g，马耳朵葱 15g，马耳朵泡椒 15g；
调料：盐 3g，胡椒粉 3g，鸡精 5g，料酒 10g，淀粉 15g。

制作步骤

① 瘦肉切成约 0.2cm 厚的片，加盐、胡椒粉、料酒、淀粉，拌匀码味备用。
② 碗中放入胡椒粉、鸡精、盐、淀粉和清水，搅拌均匀，调制成味汁备用。
③ 净锅上火，加入油 500g，油温升至 3 成热时，下入肉片炒散，加入姜片、蒜片、马耳朵葱和马耳朵泡椒炒香。
④ 加入青笋片和木耳片炒断生。
⑤ 烹入味汁，收汁亮油。
⑥ 出锅装盘成菜。

😋 注意事项

　　1. 肉片切制时宜大而薄。

　　2. 炒时要急火快炒，一锅成菜。

16. 清蒸江团

　　相传，四川有一位渔民，他每天捕鱼后会把鱼卖给附近的餐馆。有一天，他捕到了一条特别大的江团，便想着如何烹饪才能更加美味。经过一番尝试，他通过蒸制的方法烹饪，保留了鱼肉的鲜美和营养，同时使得鱼肉口感滑嫩，便将这道菜命名为"清蒸江团"。从此，这道菜逐渐流传开来，成为川渝地区的招牌菜肴。

操作视频

主料：江团 750g；

辅料：火腿 30g，香菇 20g，香菜 5g；

配料：猪网油 500g，红椒丝 30g，姜丝 10g，葱丝 10g，姜片 10g，葱段 10g，姜米 6g；

调料：盐 3g，胡椒粉 5g，料酒 20g，陈醋 10g，香油 5g，味精 3g，干花椒 5g。

制作步骤

① ② ③

④ ⑤ ⑥

⑦ ⑧ ⑨

① 江团宰杀、去内脏后洗净，放入沸水锅中，煮至表面起白膜后捞出，迅速用冷水浸漂。

② 用小刀刮去鱼表面的白膜，用菜刀在鱼身两侧肉厚处斜剞几刀，加入姜、葱、料酒、盐和胡椒粉，抹匀码味备用。

③ 火腿和香菇切菱形片，夹在鱼身剞花刀处。

④ 鱼放入蒸碗中，加葱段、姜片，鱼身盖上猪网油，撒上干花椒，放入蒸箱蒸制约 20 分钟。

⑤ 净碗中放入姜米、盐、味精、陈醋、鲜汤，加入香油搅拌均匀，制成姜醋汁。

⑥ 鱼蒸熟后拣去猪网油、姜、葱，将鱼滑入盘中，灌入烧沸的鲜汤。

⑦ 鱼身放上姜丝和葱丝，淋上 6 成油温的热油。

⑧ 放上香菜，撒上红椒丝成菜。

⑨ 配姜醋汁碟，上桌蘸食。

♨ 注意事项

1. 江团土腥味较重，制作过程中用开水煮一下，可以去掉其土腥味。

2. 在蒸制时要先定味，以免江团制熟后内部无味。

3. 蒸制时要大火一气呵成，中途不宜停火。

操作视频

☁ 准备材料

主料：丝瓜片 100g，茄子片 100g，老南瓜片 100g，广红片 100g，冬笋片 100g；

辅料：鲜香菇 20g，金钩 15g；

配料：姜片 5g，葱段 5g；

调料：鸡油 30g，盐 2g，胡椒粉 2g，水淀粉 10g，鸡汁 3g。

☁ 制作步骤

① ② ③

④ ⑤ ⑥

① 净锅上火，加入清水，大火烧沸后将主料和香菇分别焯水断生后捞出，过凉控水备用。

② 碗中加入鸡汁、盐、胡椒粉和鲜汤，搅匀后成味汁备用。

③ 取一蒸碗，碗内抹油，顺着碗沿先依次摆放焯水的食材，用剩余的食材将蒸碗内填丰满，撒上金钩，放上姜片、葱段，灌入调制好的味汁，入蒸笼蒸制成熟。

④ 蒸熟后反扣翻入盘中，摆上焯熟的香菇封口。

⑤ 炒锅上火，加入清水 150 毫升，加盐、鸡汁搅匀，加入水淀粉勾二流芡，加入鸡油搅匀出锅。

⑥ 芡汁淋在盛器中的原料上即可。

🍲 注意事项

1. 主料在选择上注意颜色的搭配。

2. 原料在刀工处理时，注意厚薄一致。

18. 锅巴肉片

传说，乾隆皇帝下江南时，在一家小饭店用餐。厨师将用虾仁、鸡丝、鸡汤熬成的卤汁当场浇在油炸的锅巴上，顿时炸声大作，浓香扑鼻。乾隆一尝，觉得香脆可口，食趣盎然，便问这是何菜。店主笑道："这叫平地一阵雷。"乾隆脱口而出："此菜可称天下第一菜。"

川菜厨师们对此菜的工艺进行改进，选用厚薄均匀的锅巴，炸出的锅巴涨发大，配上鲜汤汁吃起来更酥脆，很快使其成为川渝地区的大众菜肴。上此菜时，一手端盛有炸好的金黄色锅巴菜，一手持热汤碗，迅速将热汤浇在锅巴上，发出响声，妙趣横生。

操作视频

准备材料

主料：净瘦肉 150g；

辅料：大米锅巴 250g，冬笋片 50g，番茄 50g，木耳 15g，鲜菜心 10g，青笋片 20g；

配料：姜片 5g，蒜片 5g，马耳朵葱 20g，马耳朵泡椒 15g；

调料：盐 2g，酱油 15g，胡椒粉 3g，白糖 20g，陈醋 20g，料酒 10g，水豆粉 35g。

制作步骤

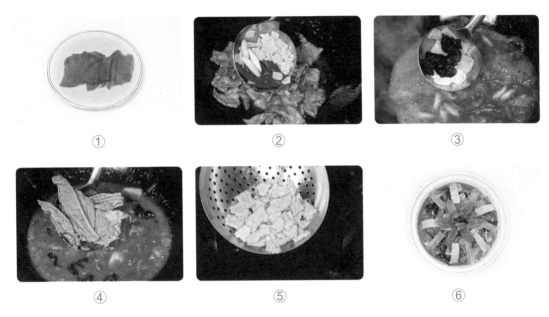

① ② ③
④ ⑤ ⑥

① 瘦肉洗净后切成约 0.2cm 厚的片放入碗中，加盐、酱油、料酒和水淀粉，搅拌均匀码味上浆。

② 净锅上火，入油 100 克，油温升至 3 成热时，下入肉片，炒散后加入姜片、蒜片、马耳朵葱和马耳朵泡椒炒香。

③ 加入清水 500 毫升，大火烧沸后加入盐、白糖、胡椒粉和陈醋调味，加入青笋片、冬笋片、木耳煮沸，勾入水淀粉，推匀煮至汁浓味厚。

④ 加入酱油增色，加入鲜菜心和番茄煮至断生，加入色拉油，烧热起锅，装入碗中备用。

⑤ 净锅上火，入油 1000g，油温升至 6 成热时，下入大米锅巴炸至金黄，捞入盛器中垫底，倒入肉片。

⑥ 装盘成菜。

💡 注意事项

1. 锅巴要选择厚薄均匀、不湿不焦、干脆的。

2. 锅巴要用大火炸制，酥、松、脆即可。

3. 肉片汤汁以每片锅巴能粘上汤汁为宜。

19. 酸辣蹄筋

操作视频

准备材料

主料：蹄筋 400g；

辅料：肉末 100g，泡酸菜 150g，青小米辣圈 10g，红小米辣圈 10g；

配料：蒜米 10g，葱花 5g，葱段 15g，姜片 15g，野山椒节 15g，泡椒末 20g，泡姜米 10g；

调料：酱油 3g，白醋 15g，盐 3g，香油 10g，胡椒粉 2g，干花椒 5g，料酒 15g，白糖 5g。

制作步骤

① ② ③

④ ⑤ ⑥

① 蹄筋洗净切小条，放入装有 800 毫升沸水的锅中，加入姜片、葱段、干花椒和料酒，汆至受热去异味后捞出，放入准备好的热鲜汤中备用。

② 净锅入油 80g，油温升至 3 成热时，下入肉末，炒散出香后加入料酒、酱油炒匀，盛出备用。

③ 净锅入油 80g，油温升至 3 成热时，下入泡椒末，炒至出色出味，加入蒜米、泡姜米、野山椒节和泡酸菜炒出味。

④ 加入肉末，掺入清水，大火烧沸，加入盐、酱油和胡椒粉调味。

⑤ 加入蹄筋，转小火烧至软糯入味后加入红小米辣圈和青小米辣圈推匀，转大火收汁。

⑥ 待汤汁快干时烹入白醋和香油推匀，起锅装盘，撒上葱花成菜。

注意事项

1. 蹄筋要用沸水汆制，汆热汆透。

2. 烧制时注意火力变化，大火烧开调味，小火烧制，软糯入味，旺火收汁，汁浓味厚。

操作视频

准备材料

主料：碱发鱿鱼 600g；

辅料：香菇片 50g，熟鸡肉 100g，火腿片 50g，冬笋片 50g；

配料：葱段 15g，姜片 15g，大红椒块 50g，大黄椒块 50g；

调料：鸡油 40g，水淀粉 20g，白醋 10g，盐 3g，胡椒粉 2g，鸡精 5g，料酒 15g。

制作步骤

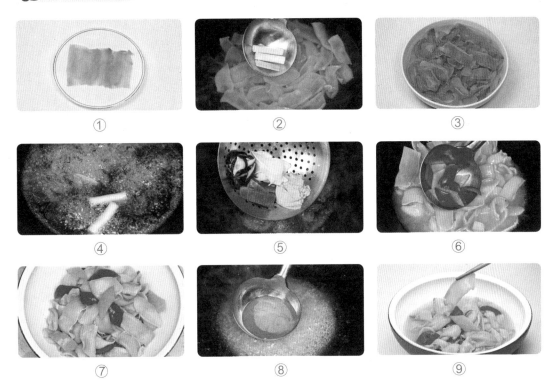

① 洗净的鱿鱼斜刀切大片，装盘备用。

② 将鱿鱼片放入装有 1500 毫升的沸水锅中，放入姜片、葱段、料酒和白醋，氽热、去异味。

③ 将氽制后的鱿鱼片放入装有热鲜汤的碗中浸泡。

④ 净锅入油 80g，油温升至 3 成热时，加入姜片、葱段炒香，掺入清水，大火烧沸后拣去姜片、葱段，放入盐、胡椒粉、鸡精调味。

⑤ 下入熟鸡肉片、火腿片、冬笋片、香菇片，烧至成熟入味后捞出，放盛器中垫底。

⑥ 将泡好的鱿鱼片放入有原汤的锅中，加入大红椒块和大黄椒块，烧至成熟入味。

⑦ 捞出锅中原料，装入盛器中摆盘。

⑧ 锅中原汤汁大火烧沸，加入水淀粉勾芡，加入鸡油烧热起锅。

⑨ 芡汁舀到鱿鱼上成菜。

注意事项

1. 鱿鱼刀工处理片形宜大，避免受热后收缩影响成形。

2. 氽鱿鱼片时，加醋的量不宜过多。

操作视频

准备材料

主料：鱼肚 150g；

辅料：熟鸡肉片 100g，火腿片 50g，冬笋片 50g，香菇片 50g；

配料：菠饺 400g，姜片 15g，葱段 15g；

调料：盐 3g，胡椒粉 2g，鸡精 5g，水淀粉 20g，鸡油 40g。

制作步骤

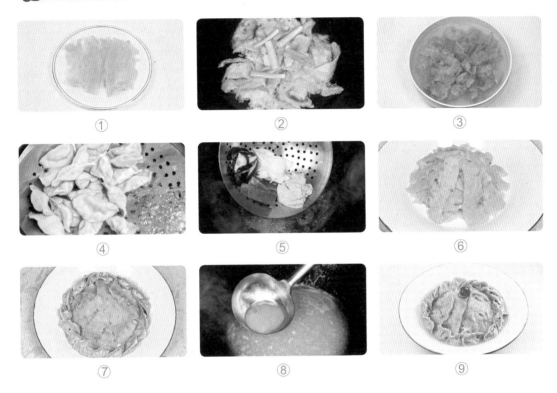

① 鱼肚斜刀切片，装盘备用。

② 将鱼肚片放入装有 500 毫升的沸水锅中，放入姜片、葱段，氽热、去异味。

③ 将氽制后的鱼肚片放入装有热鲜汤的碗中浸泡。

④ 将菠饺下入沸水锅中，煮定形后捞出过凉沥水备用。

⑤ 净锅上火，放入油 50g，油温升至 3 成热时，加入姜片、葱段炒香，掺入清水，大火烧沸，拣去料渣，放入盐、胡椒粉、鸡精调味，加入熟鸡肉片、火腿片、冬笋片和香菇片，烧至成熟入味后捞出，装入盛器中垫底备用。

⑥ 将泡好的鱼肚片放入有原汤的锅中，烩至软糯入味，捞出装入盛器中，堆成小山状备用。

⑦ 锅中原汤汁下入菠饺，烩至成熟后捞出，依次摆入盛器中围成一个圆。

⑧ 锅中原汤汁，大火烧沸后加入水淀粉勾二流芡，加入鸡油烧热起锅。

⑨ 芡汁舀到鱼肚上成菜。

🍲 注意事项

1. 烩制时注意各种原料下锅的顺序。

2. 注意鱼肚烩制时间的把控，避免融化。

操作视频

准备材料

主料：雪梨 200g；
辅料：薏米 15g，百合 15g，莲米 15g，芡实 15g，什锦蜜饯 50g；
配料：糯米 100g；
调料：白糖 50g，猪油 50g，冰糖 200g。

制作步骤

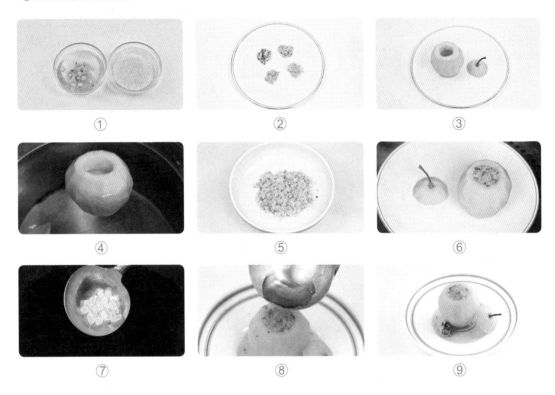

① 薏米、百合、莲米和芡实装入碗中，糯米装入另一个碗中，都用清水浸泡回软。

② 泡好的薏米、百合、莲米和芡实上笼蒸至成熟、炽软，取出晾凉后切成小颗粒备用。

③ 雪梨去皮，从蒂部切下一块，作为盖子，用挖刀套取梨核和部分梨肉，制成梨盅。

④ 将雪梨盅泡水备用。

⑤ 净锅上火，加入清水 500 毫升，加入泡好的糯米，大火煮至断生后捞出控水，盛入碗中，加入猪
   油、薏米粒、百合粒、莲米粒、芡实粒和白糖，拌匀后加入什锦蜜饯再次拌匀，制成八宝馅料备用。

⑥ 将八宝馅料瓢入雪梨盅腹部，连盖子一起放于盘中，上蒸笼旺火蒸制 1 小时至软透。

⑦ 净锅上火，加入清水 200 毫升，加入冰糖，大火炒至糖汁浓稠、光亮但未焦化时起锅。

⑧ 蒸好的梨取出，入盛器摆好，淋上糖汁。

⑨ 成菜。

🍲 注意事项

1. 加工雪梨时，注意保持梨形完整，去梨核时，切勿将梨肉挖破或挖穿。
2. 蒸制时用旺火大气，一气而成。

准备材料

主料：鸡蛋 300g；
辅料：去皮核桃仁 50g；
配料：荸荠粒 20g，什锦蜜饯 15g；
调料：猪油 100g，白糖 50g，玉米淀粉 40g。

制作步骤

① 净锅上火，加入油 500g，油温升至 5 成热时，加入核桃仁，炸至酥脆后捞出控油，剁碎成绿豆大
　小的颗粒备用。
② 碗中加入鸡蛋清 50g，用打蛋器打成蛋泡备用。
③ 碗中加入全蛋液 250g 搅匀，加入玉米淀粉搅匀，加入清水 150 毫升搅匀，加入什锦蜜饯和荸荠粒
　搅匀，加入白糖搅匀，制成蛋液浆备用。
④ 净锅上火，加入猪油，油温升至 4 成热时，加入调制好的蛋液浆，沿顺时针方向快速搅动，待蛋液
　浆凝固成细粒状，加入核桃仁碎，翻炒均匀至亮油出锅，装入盛器打底备用。
⑤ 将打好的蛋泡盖在蛋液粒上。
⑥ 装盘成菜。

☕ 注意事项
　1. 调蛋浆时要注意玉米淀粉与清水的用量。
　2. 蒸制时要用旺火，一气而成。

24. 东坡肘子

　　相传，东坡肘子其实并非苏东坡之功，而是其妻子王弗的妙作。一次，王弗在炖肘子时因一时疏忽，导致肘子焦黄且粘锅，她连忙加入清水和各种配料小火慢炖，以掩饰焦味。不料这么一来，微黄、软糯的肘子味道出乎意料得好。苏东坡素有美食家之名，不仅自己反复炮制，还向亲友大力推广，于是，东坡肘子便得以传世。

操作视频

准备材料

主料：带皮猪肘 2000g；

辅料：小青菜 400g，枸杞 20g，香菇 50g，金钩 20g；

配料：姜片 50g，葱段 25g；

调料：盐 5g，料酒 15g，胡椒面 10g，味精 3g，醪糟 20g，糖色 30g，水淀粉 10g，香油 25g，鸡精 3g，
白醋 10g，黄栀子 20g，八角 2g，桂皮 2g，香叶 3g，山柰 2g，香果 3g。

制作步骤

① 洗净的肘子放入装有 4000 毫升冷水的锅中，加姜片、葱段、料酒和黄栀子，大火煮制，撇去浮沫，
待肘子上色后捞出。

② 肘子趁热用松肉针均匀扎孔。

③ 抹上白醋和盐，晾凉备用。

④ 炒锅加入油 2000g，油温升至 5 成热时，投入肘子，炸至酥黄。

⑤ 捞出肘子后浸入凉水中泡 2 小时。

⑥ 取一口高压锅，底部放入竹箅子，放猪肘，掺入鲜汤 4000 毫升。

⑦ 加入金钩和香菇，加入糖色、盐、胡椒面、鸡精、醪糟调味，最后放
入八角、桂皮、香叶、山柰、香果、姜片、葱段，大火烧沸。

⑧ 转小火压制待软糯入味。

⑨ 洗净的小青菜顶部轻划开呈十字状，放入装有 1000 毫升沸水的锅中，
加入盐和少许油，煮至断生捞出，待水分沥干后在每颗小青菜顶部插上
枸杞。

⑩ 将压熟的香菇捞出切片，和小青菜在盛器中围成圆，捞出压熟的肘子
放在中心。

⑪ 炒锅上火，加入原汤烧开，加入糖色、味精调匀，再加入水淀粉勾芡，
待浓汁后加香油搅匀。

⑫ 炒制好的芡汁舀在盛器中即可。

注意事项

1. 大火煮制
肘子的时间不宜
过长，去除血沫
即可。

2. 黄栀子起
到上底色的作用，
量不宜太多。

3. 炸制时油
温不宜过高，炸
好后冷水浸泡时
间要达到 2 小时。

25. 开水白菜

相传，开水白菜是由颇受慈禧赏识的川菜名厨黄敬临在清宫御膳房创制的。当时，不少人贬损川菜"只会麻辣，粗俗土气"，为了破谣立证，黄敬临百番尝试，终于创出了"开水白菜"这道菜中极品，把极繁和极简归至化境，一扫川菜积郁百年的冤屈。

操作视频

准备材料

主料：大白菜心 100g；

辅料：老母鸡 150g，老土鸭 150g，猪排骨 150g，棒子骨 150g，干贝 30g，金钩 30g，鸡脯肉 150g，精瘦肉 150g，火腿 5g，枸杞 3g；

配料：姜片 20g，葱段 20g；

调料：料酒 20g，胡椒粒 10g，盐 5g，胡椒粉 20g。

制作步骤

① ② ③

④ ⑤ ⑥

⑦ ⑧ ⑨

① 将老母鸡、老土鸭、猪排骨分别砍成大块状，棒子骨敲破，一起放入冷水锅中，加入姜片、葱段、料酒、胡椒粒，大火烧沸，撇去浮沫后捞出。

② 吊汤锅中，倒入清水 3000 毫升，放入老母鸡、老土鸭和猪排骨，加入姜片、葱段、料酒、胡椒粒，大火烧沸，加入干贝、金钩、火腿和料酒，转小火熬制 4 小时，将熬好的汤汁沥入另一个干净容器中备用。

③ 将鸡脯肉和精瘦肉分别用刀背捶成肉茸，分别放入碗中加清水调匀，制成白茸浆和红茸浆。

④ 净锅上火，加入熬制好的鲜汤，加入胡椒粉，大火烧沸后转小火，分 2 至 3 次加入红茸浆吸收汤汁杂质，待肉茸浮起后用密漏打捞干净。白茸浆也分 2 至 3 次加入汤中吸色、增味，待肉茸浮起后用密漏打捞干净。此时汤汁清澈、呈浅黄色。

⑤ 将汤汁倒入纱布中过滤，去除细小杂质，进一步使汤汁清澈透明，制成高级清汤。

⑥ 净锅上火，加入清水 500 毫升，大火烧沸，白菜心焯水断生后捞出，放入清水中冷凉。

⑦ 待白菜心冷却后装入碗中，淋上高级清汤，上笼蒸至入味。

⑧ 将蒸入味的白菜心夹出，整齐摆入汤碗中，舀入高级清汤。

⑨ 放上火腿丝和枸杞成菜。

注意事项

1. 制作清汤时要注意火候，保持汤面微开即可。汤汁成型后，色泽微黄，清澈见底。

2. 白菜选用嫩心，且要去筋，口感才嫩、爽。

26. 鸡豆花

　　传说，唐太宗李世民嫡长子李承乾因谋反被废，李世民爱子深切，不忍杀之，流放于黔州。过惯了锦衣玉食生活的李承乾，来到偏远之地后，茶饭不思。厨师们不断为他变换口味，但都无济于事。直到有位厨师将鸡脯肉剁碎后，加入鸡蛋清煮出一道食品，形似豆花，李承乾吃了以后胃口大开。虽然李承乾不久之后就郁郁而终，但是这道他喜欢的佳肴却流传了下来。

操作视频

🌀 准备材料

主料：鸡脯肉 125g；

辅料：老母鸡 150g，老土鸭 150g，猪排骨 150g，棒子骨 150g，鸡脯肉 150g，精瘦肉 150g，火腿 5g，干贝 30g，金钩 30g，豌豆苗 50g；

配料：姜片 30g，葱段 20g，鸡蛋清 45g；

调料：料酒 20g，胡椒粒 3g，盐 3g，胡椒粉 1g，水豆粉 15g。

🌀 制作步骤

① 将老母鸡、老土鸭、猪排骨分别砍成大块状，棒子骨敲破，一起放入冷水锅中，加入姜片、葱段、料酒、胡椒粒，大火烧沸，撇去浮沫后捞出。

② 吊汤锅中，加入清水 3000 毫升，放入老母鸡、老土鸭和猪排骨，加入姜片、葱段、料酒、胡椒粒，大火烧沸，加入干贝、金钩、火腿和料酒，转小火熬制 4 小时，将熬好的汤汁沥入另一个干净容器中备用。

③ 将鸡脯肉和精瘦肉分别用刀背捶成肉茸。

④ 取鸡脯肉茸 50g 和精瘦肉茸分别放入碗中，加清水调匀，制成红茸浆和白茸浆。

⑤ 净锅上火，加入熬制好的鲜汤，加入胡椒粉，大火烧沸后转小火，分 2 至 3 次加入红茸浆吸收汤汁杂质，待肉茸浮起后用密漏打捞干净。白茸浆也分 2 至 3 次加入汤中吸色、增味，待肉茸浮起后用密漏打捞干净。此时汤汁清澈、呈浅黄色。

⑥ 将汤汁倒入纱布中过滤，去除细小杂质，进一步使汤汁清澈透明，制成高级清汤。

⑦ 取鸡脯肉茸 125g 加入高级清汤中，稀释调散呈浆汁状，加入鸡蛋清、胡椒粉、水豆粉，搅匀成鸡浆汁。

⑧ 净锅上火，加入高级清汤，大火烧沸，顺时针搅拌，待汤起旋涡时持续淋入鸡浆汁，转小火煮至凝结成豆花状。

⑨ 将烧熟的鸡豆花舀入碗中，摆上烫熟的豌豆苗、撒上火腿粒成菜。

☕ 注意事项

1. 制作清汤时要注意火候，保持汤面微开即可。

2. 鸡脯肉茸、蛋清、豆粉的兑制比例是做好此道菜的关键。

3. 煮制时注意火力把控。

操作视频

准备材料

主料：茄子 500g；

辅料：肉末 250g；

配料：蒜米 10g，葱花 15g，泡椒末 75g，姜米 10g；

调料：鸡精 2g，白糖 15g，酱油 5g，鸡蛋液 75g，胡椒粉 3g，盐 3g，全蛋豆粉糊 350g，醋 10g，淀粉 10g。

制作步骤

① 茄子洗净后切成夹刀片备用。

② 碗中加入肉末、姜米、盐、胡椒粉、鸡蛋液和淀粉，拌匀调制成肉馅。

③ 将肉馅舀入夹片中，轻压成饼形备用。

④ 净锅上火，倒入油 1500g，油温升至 4 成热时，逐一将茄饼挂上全蛋豆粉糊，入锅炸至定形成熟后捞出。

⑤ 待油温回升至 6 成热时，再次加入茄饼复炸至外酥内软、两面酥黄后捞出控油，摆入盘中。

⑥ 净锅上火，倒入油 30g，油温升至 2 成热时，加入泡椒末炒香出色。

⑦ 加入姜米、蒜米，炒香后掺入清水烧沸，加入盐、鸡精、白糖、胡椒粉和酱油调味。

⑧ 加入水淀粉勾芡至汁浓味厚，加入醋搅匀成鱼香汁。

⑨ 将鱼香汁舀到茄饼上，撒上葱花即可成菜。

☗ 注意事项

1. 茄子切片时，两片相连呈夹角，且两片的厚薄一致。

2. 茄饼定形时肉馅量不宜过多，避免肉馅外溢。

3. 炸制分两次进行，注意油温变化的控制。

28. 甜烧白

操作视频

准备材料

主料：带皮五花肉 250g；

辅料：糯米 100g，豆沙馅 50g；

配料：葱段 10g，姜片 10g；

调料：猪油 50g，红糖 100g，白糖 50g，糖色 5g，干花椒 5g，料酒 20g。

制作步骤

① ② ③

④ ⑤ ⑥

① 五花肉洗净，放入冷水锅中，加入姜片、葱段、干花椒、料酒，大火烧开后转中小火，煮至断生后捞出。

② 趁热将五花肉皮泡入糖色中，上色后取出，自然放凉。

③ 糯米洗净后放入开水锅中，焯至断生后捞出，沥干水分后放入大碗中，加猪油、红糖拌匀备用。

④ 将放凉的五花肉切成两片相连的夹刀片备用。

⑤ 将豆沙馅放在肉片中，轻压平整后，放入蒸碗中摆放整齐，碗中间放入拌好的糯米，将蒸碗填丰满后，用保鲜膜密封，放入蒸笼中旺火上气蒸至软糯入味。

⑥ 取出蒸碗，去膜后反扣入盘中，撒上白糖即可。

注意事项

1. 煮五花肉时要冷水下锅，小火煮至断生即可。

2. 要趁热上色。

3. 切的肉片要两片相连，不能断。

4. 蒸制时要用旺火大气，一气而成。

29. 咸烧白

操作视频

准备材料

主料：带皮五花肉 250g；

辅料：芽菜 150g；

配料：葱段 10g，姜片 10g，马耳朵葱 15g，马耳朵泡椒 15g；

调料：豆豉 5g，料酒 20g，干花椒 5g，酱油 5g，胡椒粉 3g，味精 3g，白糖 2g，糖色 5g。

制作步骤

① ② ③

④ ⑤ ⑥

⑦ ⑧ ⑨

① 五花肉洗净，放入冷水锅中，加姜片、葱段、干花椒、料酒，大火烧开后转中小火煮至断生，捞出。

② 趁热将五花肉皮泡入糖色中，上色后取出，自然放凉。

③ 净锅上火，倒入油 30g，油温升至 3 成热时，放入芽菜，炒至干香，装碗备用。

④ 净锅上火，倒入油 100g，油温升至 5 成热时，将肉皮面向下放入，炸至皮面焦红酥香，捞出后放入冷水中浸泡回软。

⑤ 将五花肉切成约 0.5cm 厚的大片状。

⑥ 碗中加五花肉片、酱油、味精、胡椒粉、白糖、糖色拌匀腌渍，上色入味备用。

⑦ 将腌渍入味的肉片放入蒸碗中摆放整齐，放入芽菜，将蒸碗填至丰满。

⑧ 摆上马耳朵葱和马耳朵泡椒，撒上姜片、豆豉和干花椒。用保鲜膜密封，放入蒸笼中旺火大气蒸至粑软、入味。

⑨ 取出蒸碗，去膜后反扣入盘中即可。

🍲 注意事项

1. 五花肉以煮至断生为度，趁热抹糖色肉皮才能上色。

2. 炸肉皮的温度不宜太高，注意安全。

3. 注意芽菜的咸度，炸香使用。

4. 控制好酱油用量，成菜时肉色以棕红为佳。

5. 控制好蒸制的火候，旺火大气，一气而成。

30. 酸菜鱼

有一种说法是，酸菜鱼始于重庆江津的江村渔船。据传，有位渔夫将捕获的大鱼卖钱，并常常将卖剩的小鱼与江边的农家换酸菜吃。有一次，偶然间渔夫将酸菜和鲜鱼一锅煮汤，就是这样一个不经意的做法，竟然做出了一道美食。

还有一种说法是，璧山县一位渔翁，一日钓得几条鱼回家，妻子误将鱼放入煮酸菜汤的锅里，后来一尝，鲜美至极。渔翁逢人就夸，酸菜鱼也就出了名。

操作视频

准备材料

主料：草鱼 600g；

辅料：泡酸菜 200g，黄豆芽 150g；

配料：泡姜米 10g，蒜米 10g，葱花 10g，葱段 10g，姜片 15g，干辣椒 15g，野山椒 40g；

调料：鸡精 5g，胡椒粉 3g，白酒 30g，干花椒 5g，白醋 15g，盐 3g，蛋清豆粉 75g。

制作步骤

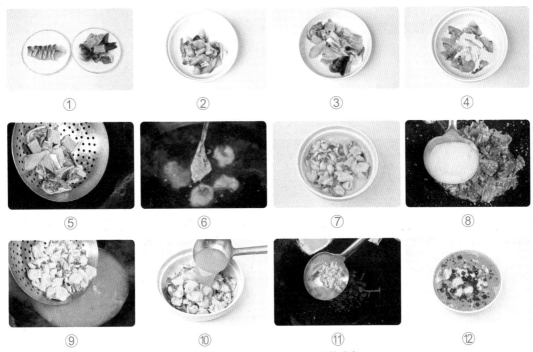

① 草鱼宰杀洗净，鱼肉片成片，鱼骨、鱼头和鱼尾剁块，分别装碗备用。

② 鱼肉中加入姜片、葱段、白酒、盐和胡椒粉，码味备用。

③ 鱼骨、鱼头和鱼尾中加入姜片、葱段、白酒，码味备用。

④ 腌制好的鱼肉拣去料渣，加入蛋清豆粉，拌匀上薄浆备用。

⑤ 净锅上火，加入猪油 50g，加入鱼骨、鱼头和鱼尾炒香，倒入清水 1500 毫升，大火烧沸后转小火，熬至汤色乳白后沥渣成鱼汤备用。

⑥ 净锅上火，倒入清水 1000 毫升，大火烧沸后转小火，加入上浆后的鱼肉，滑至定形。

⑦ 定形的鱼片放入清水中过凉备用。

⑧ 净锅上火，加入猪油 100g，油温升至 3 成热时，加入野山椒、泡姜米、蒜米炒香出味，加入泡酸菜再次炒香，掺入鱼汤煮沸，加入盐、胡椒粉和鸡精调味，下入黄豆芽，烧熟后捞出，装入汤钵中垫底。

⑨ 锅中原汤，加入鱼肉烧至上味后捞出，盖在豆芽上。

⑩ 锅中原汤，加入白醋调匀后起锅，灌入汤钵中备用。

⑪ 净锅上火，加入油 50g，油温升至 5 成热时，加入干辣椒和干花椒炒香，再加入泡姜米、蒜米炒香，出锅舀入盛器中。

⑫ 撒上葱花成菜。

🍲 注意事项

1. 鱼要鲜，肉要嫩，汤味才鲜美。

2. 刀工处理要偏大略厚，成形完整，便于食用。

3. 滑鱼片时火宜小，避免鱼肉脱浆。

31. 麻婆豆腐

　　相传，清朝末，成都万福桥码头旁边有一家小馆子，老板娘脸上有麻子，人们都叫她陈麻婆。有一天，陈麻婆快打烊的时候，来了几个码头工人、脚夫，要求她做点下饭、热乎又便宜的菜。陈麻婆看店里只剩下几盘豆腐、一点牛肉末，便急中生智，把豆瓣剁细，加上豆豉，放油锅里炒香，加点汤，放入切成小块的豆腐，再配上其他调料，加入牛肉末，勾芡收汁，起锅后再将花椒面、辣椒面洒在豆腐上。一盆色鲜味美，麻、辣、烫、嫩、鲜的豆腐就上桌了。这伙人个个吃得鼻子冒汗，吃了好几碗饭，口中大呼畅快。后来这道菜就成了陈麻婆小馆的招牌菜。

　　因为这种豆腐又麻又辣，老板娘又叫陈麻婆，所以这道菜就被称为"陈麻婆豆腐"。如今麻婆豆腐已经走向世界，成为世界名菜。

操作视频

准备材料

主料：豆腐 300g；

辅料：牛肉末 100g，蒜苗 150g；

配料：姜米 50g，蒜米 10g；

调料：辣椒面 15g，花椒面 3g，盐 5g，料酒 20g，酱油 5g，豆瓣 50g，豆豉末 7g，味精 3g，水豆粉
30g，鲜汤 30g。

制作步骤

①

②

③

④

⑤

⑥

⑦

⑧

⑨

① 炒锅入油 25g，油温升至 3 成热时，下入牛肉末，大火炒干水分，烹入料酒，再次炒干水分至干
香，加入酱油炒至上色，将肉臊装碗备用。

② 豆腐切成 1.5cm 见方的大丁，加入装有 1000 毫升沸水的锅中，大火煮至豆腐热透后捞出备用。

③ 炒锅入油 50g，油温升至 3 成热时，投入豆瓣，炒至出色出味后加入姜米、蒜米和豆豉末，炒至浓
香出味。

④ 加入牛肉末、辣椒面，炒至出色出味。

⑤ 放入豆腐丁推匀，掺入鲜汤（约 1：4），大火烧沸。

⑥ 转中火后加酱油，使汁水浓色浓味。

⑦ 待汤汁快干时加入蒜苗、味精推匀，并分三次加入水豆粉勾芡，待汁浓味厚时起锅装盘。

⑧ 均匀撒上花椒面。

⑨ 麻婆豆腐完成。

注意事项

1. 豆腐用淡盐水焯水可去除涩味，口感会更好。

2. 花椒面趁热撒在豆腐上，提香的效果更好。

3. 豆腐芡汁分三次完成，会更汁浓味香。

操作视频

准备材料

主料：鸡肉 500g；
辅料：青笋头 150g；
配料：姜片 10g，葱段 15g；
调料：盐 5g，料酒 20g，胡椒粉 3g，鸡精 2g，水豆粉 15g，糖色 10g，猪油 70g。

制作步骤

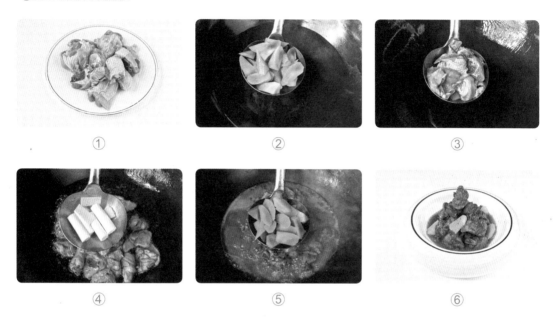

① 鸡洗净后斩成约 4cm 的小块。

② 青笋切成滚刀块焯水，焯好后漂冷备用。姜切片，葱切段。

③ 净锅上火，加入猪油，烧至 5 成热时，放入鸡块煸香。

④ 加入姜、葱，炒香后加入鲜汤烧开，加入盐、料酒、糖色调匀。

⑤ 中火烧制，放入青笋炒匀，加入鸡精、胡椒粉炒匀，烧至青笋入味。

⑥ 加入水淀粉勾芡，起锅装盘成菜。

注意事项

1. 鸡块煸干水分即可。

2. 糖色下锅后，汤汁呈浅黄色即可，不可烧制太久。

33. 蚂蚁上树

  相传，窦娥的父亲窦天章是个秀才，为了应举，将窦娥卖给蔡婆婆家做童养媳。谁知，过门没多久，窦娥的丈夫就因病去世，而蔡婆婆也年老多病。窦娥照顾婆婆起居，负责家里的日常饮食。随着婆婆病情恶化，家里的银子渐渐花光。一日，窦娥想给婆婆改善伙食，便到王屠夫那儿赊账买一块肉，但因为窦娥前两次欠的钱还没还，王屠夫不肯再给她肉。窦娥说了很久，王屠夫也没办法，就切了一小块猪肉给她。窦娥拿着这一小块猪肉犯了愁，这么少的肉能干什么呢？忽然她想起了家里有粉丝，计上心来。回到家，窦娥先将粉丝用水泡开，又将肉剁成肉末。在锅里放油、葱、姜、蒜爆锅，加肉末煸炒，又放入粉丝、花椒面、辣椒等。很快一道肉末炒粉丝就端了上来！还没进正屋，婆婆就闻到了香味。婆婆品尝之后，连夸好吃。但看着粉丝里的肉末有些奇怪，便问窦娥，这粉丝里的东西是什么，怎么像蚂蚁？于是窦娥便把事情经过说了一遍，婆婆笑着说，这肉末像极了蚂蚁，而粉丝像极了树枝，干脆这道菜就叫"蚂蚁上树"吧！

准备材料

主料：干红苕粉丝 200g；

辅料：肉末 50g，蒜苗花 20g；

配料：姜米 10g，蒜米 10g；

调料：盐 2g，鸡精 5g，酱油 5g，豆瓣 10g，香油 5g，花椒粉 2g，料酒 5g。

制作步骤

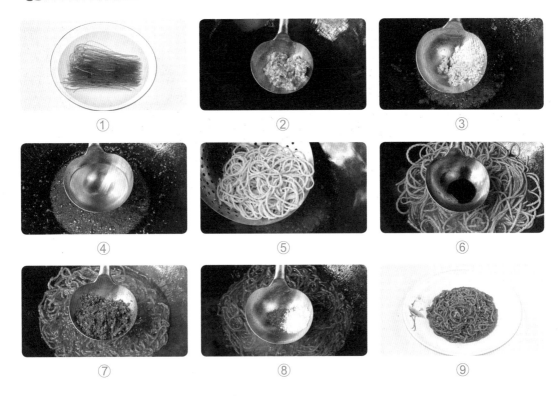

① 干红苕粉丝用温水泡发，切成约 15cm 长的段备用，蒜苗切花，姜、蒜切米粒状。

② 净锅上火、入油，油温升至 4 成热时，下入肉末炒酥香备用。

③ 炒锅上火、入油，油温升至 4 成热时，下入豆瓣酱炒香，加入姜米、蒜米炒香。

④ 倒入鲜汤烧开，滤去汤汁中的渣。

⑤ 下入泡好的红苕粉丝。

⑥ 加入酱油、料酒、盐调匀，小火烧制入味。

⑦ 下入肉末烧至汁汤微干。

⑧ 加入鸡精、花椒粉炒匀，放入蒜苗花炒断生。

⑨ 加入香油翻炒均匀，即可出锅装盘成菜。

☒ 注意事项

1. 干红苕粉丝一定要发透。

2. 肉末一定要剁细并炒酥香。

3. 烧制时，水分刚干就可以了，不能过早或过迟。

34. 八宝葫芦鸭

八宝葫芦鸭，是一道地方传统名菜。清代内务府《江南节次照常膳底档》中记载的"糯米八宝鸭"是当时南京地区和苏州地区最著名的传统名菜，清代《调鼎集》和《桐桥倚棹录》都记载了"八宝鸭"一菜及其制法。江苏是此菜的发源地，后来在流传与演变过程中，江苏菜、鲁菜、川菜等各大菜系都形成了自己独特的烹制方法。

操作视频

准备材料

主料：不开膛的整鸭 1500g；

辅料：金钩 50g，荸荠 25g，火腿 100g，玉兰片 100g，鲜豌豆 50g，水发海参 100g，蘑菇 50g，胡萝卜 100g，青笋头 100g；

配料：姜片 10g，葱段 15g；

调料：盐 5g，料酒 15g，胡椒粉 2g，鸡精 2g，猪油 30g，鸡油 10g，水淀粉 20g。

制作步骤

① ② ③ ④ ⑤ ⑥ ⑦ ⑧ ⑨

① 胡萝卜、青笋雕成葫芦形煮熟，荸荠、火腿、冬笋、玉兰片、海参切成约 0.5cm 大的丁。整鸭去骨，保证鸭皮的完整性，清洗干净，放入姜片、葱段、盐、料酒，拌匀码味备用。

② 将金钩、火腿、豌豆、荸荠、玉兰片、蘑菇、水发海参放入碗中，加入盐、鸡精、胡椒粉、料酒，拌匀码味。

③ 将码味好的食材填充到鸭皮内部。

④ 用线和牙签将其封口定形，用牙签在表面扎孔，备用。

⑤ 净锅上火，加入清水，水煮沸后下入葫芦形青笋、胡萝卜焯水，焯好后用清水漂冷备用。

⑥ 净锅上火，加入清水，将填充好的鸭子放入锅中煮至水沸，去除异味。

⑦ 上蒸笼蒸制。

⑧ 净锅上火，加入油，下入姜片、葱段炒香，倒入鲜汤烧开，放入葫芦形青笋、胡萝卜烩制，加入盐、鸡精、胡椒粉调匀，加入水淀粉勾芡。

⑨ 将烩制好的葫芦形青笋、胡萝卜摆入盘中，淋入汁水即可成菜。

注意事项

1. 加入鸭腹的辅料不宜过多，以防破裂。

2. 鸭子血水要漂净，不然成菜不白。

35. 魔芋烧鸭

操作视频

准备材料

主料：嫩肥鸭 1500g；
辅料：魔芋 350g，蒜苗 50g，瓢儿白 200g；
配料：泡仔姜 70g，泡椒 30g，泡萝卜 25g，大蒜末 15g，生姜末 5g；
调料：盐 5g，鸡精 5g，酱油 20g，豆瓣酱 75g，花椒 2g，料酒 30g，水淀粉 25g。

制作步骤

① 鸭斩成约长 5cm、宽 1.5cm 的条；魔芋切成约长 5cm、宽 1.2cm 的条。
② 瓢儿白入开水锅中焯水断生，备用。
③ 魔芋入开水锅中焯水去碱味，备用。
④ 净锅上火、入油，油温升至 6 成热时，放入鸭肉煸香。
⑤ 加入泡仔姜、泡椒、泡萝卜，炒香出味后捞出备用。
⑥ 净锅上火、入油，下入豆瓣酱，炒香出色。
⑦ 下入姜米、蒜米炒香，加入鲜汤烧开。下入煸炒后的鸭肉推匀。
⑧ 加入盐、料酒、酱油调匀，烧至鸭肉耙软入味时，放入魔芋微烧，然后放入蒜苗炒至断生，再加入鸡精调匀。
⑨ 用水淀粉勾芡，即可出锅装盘成菜。

⌣ 注意事项

　　1. 魔芋多次焯水，去碱味效果更佳。

　　2. 鸭肉要烧制入味。

操作视频

准备材料

主料：鸡胸肉 125g；
辅料：火腿 15g，冬笋 15g，瓢儿白 15g；
配料：姜片 10g，葱段 20g，鸡蛋清 50g；
调料：盐 5g，胡椒粉 0.5g，鸡精 2g，水淀粉 120g，鸡油 10g。

制作步骤

① 姜片、葱段放入碗中浸泡，调制成姜葱水，备用。

② 鸡胸肉去筋，用刀背捶成茸。

③ 加入鲜汤、姜葱水、鸡蛋清、盐和水淀粉调匀。

④ 加入鲜汤调成鸡浆。

⑤ 把锅炙好，将鸡浆入锅内摊成片状。

⑥ 加入鲜汤，浸出油备用。

⑦ 锅内加入鲜汤，加入瓢儿白、火腿、冬笋烩制，加入盐、胡椒粉、鸡精调匀，烧沸后用水淀粉勾二流芡。

⑧ 下入鸡片，烩制入味。

⑨ 淋上鸡油，装盘成菜。

🍲 注意事项

1. 要把鸡肉的筋全部去掉，制成茸泥，最好过一下细筛。

2. 注意调浆的浓稠度。

37. 鱼香八块鸡

准备材料

主料：去皮鸡脯肉 300g；

辅料：全蛋豆粉糊 200g；

配料：姜米 20g，蒜米 50g，葱花 50g，泡椒末 100g，姜片 10g，葱段 10g；

调料：酱油 6g，盐 8g，白糖 50g，醋 40g，料酒 6g，水淀粉 260g。

制作步骤

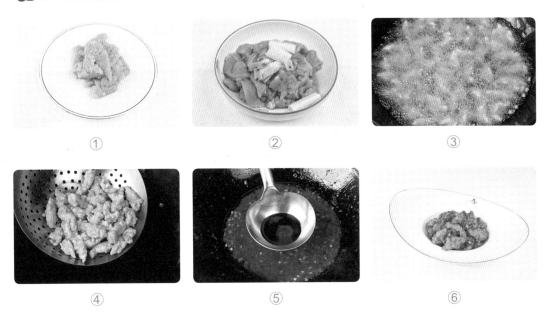

① 将鸡脯肉改刀成约 1cm 厚的片，再将鸡肉脯片斜切改成十字花刀，继续改刀成边长约为 3cm 的菱形块。

② 将菱形块的花刀鸡肉脯放入盘中，加入姜片、葱段、盐、料酒，码匀备用。

③ 净锅上火、入油，油温升至 5 成热时，把用全蛋豆粉糊和匀的鸡块分散放入锅中炸制，炸至定形捞出。

④ 待油温升至 7 成热时，下入鸡块复炸至金黄色捞出。

⑤ 锅内留少量的油，油温 5 成热时，下入泡椒末炒红，再放入姜米、蒜米、葱花炒香，加入鲜汤烧开，加入酱油、盐、白糖、醋、料酒调匀，加入水淀粉收汁，汁浓时下入鸡块和匀。

⑥ 起锅装盘，即可成菜。

☺ 注意事项

1. 掌握全蛋豆粉糊的稠度。

2. 注意炸时的油温。

3. 炒制时动作要快。

38. 鱼香肉丝

　　相传，清朝时，四川有一家人特别喜欢吃鱼，对调味也很讲究，在烧鱼时经常加些葱、姜、蒜、酒、醋、酱油等去腥增味的调料。一天，丈夫回家时，家里还没准备晚餐，可厨房只剩下一些鱼汤和猪肉，别无其他食材。妻子知道丈夫喜欢吃鱼，没办法，只得将鱼汤浇在炒熟的肉丝上，本想着丈夫会怪罪她，谁知，丈夫吃了以后，连连说好吃。后来，每次家里招待重要来宾，丈夫都让妻子做这道菜，来宾都大为称赞，个个讨要烹饪法宝，这一传十、十传百，慢慢就传遍了当地。

操作视频

准备材料

主料：猪瘦肉 150g；

辅料：青笋 100g，水发木耳 20g；

配料：泡椒 100g，姜米 20g，蒜米 40g，小葱 100g；

调料：盐 8g，酱油 6g，白糖 50g，醋 40g，料酒 6g，水淀粉 20g。

制作步骤

① ② ③

④ ⑤ ⑥

① 瘦肉洗净，切成粗丝，青笋、木耳分别切粗丝，姜、蒜剁米，小葱切花，泡椒去籽切成末状。在切好的肉丝中加入盐、料酒、水淀粉，抓匀码味备用。

② 碗中加入清水、酱油、盐、白糖、醋、料酒、水淀粉，调成滋汁备用。

③ 净锅上火、入油，油温升至 6 成热时，下入肉丝炒散，下入泡椒炒至红色，再下入姜米、蒜米炒香，最后放入青笋和木耳炒匀。

④ 倒入调好的滋汁收汁。

⑤ 待汁浓时放入葱花炒香。

⑥ 起锅装盘即可成菜。

🍲 **注意事项**

1. 肉丝的粗细应均匀。

2. 炒的时候，要掌握好油温。

3. 泡椒、姜、蒜要剁细。

4. 掌握糖、醋的用量。

39. 宫保鸡丁

相传，宫保鸡丁由清朝山东巡抚、四川总督丁宝桢所创。他对烹饪颇有研究，喜欢吃鸡和花生米，尤其喜好辣味。他在山东为官时，曾命家厨改良鲁菜"酱爆鸡丁"为辣炒，后来任四川总督时推广开来，创制了一道将鸡丁、红辣椒、花生米下锅爆炒而成的美味佳肴。

丁宝桢治蜀十年，刚正不阿，去世后，清廷为了表彰他的功绩，追封为"太子太保"。为了纪念丁宝桢，此菜得名"宫保鸡丁"。

操作视频

准备材料

主料：鸡腿 200g；
辅料：油酥花生仁 25g；
配料：姜片 10g，蒜片 10g，葱白丁 100g；
调料：干辣椒 10g，花椒 6g，酱油 5g，盐 6g，白糖 35g，醋 30g，料酒 10g，香油 5g，水淀粉 20g。

制作步骤

① 鸡腿改刀成中丁，加入酱油、盐、料酒、水淀粉，码匀备用。

② 料碗中放入适量清水，加入酱油、盐、白糖、醋、料酒、香油、水淀粉，兑成滋汁备用。

③ 净锅上火、入油，油温升至 6 成热时，下入干辣椒、花椒炒至浅棕红色，再下入鸡丁炒散，放入姜片、蒜片炒香。

④ 向锅中倒入调好的滋汁，翻炒入味，收汁亮油。

⑤ 下入油酥花生仁炒匀。

⑥ 起锅装盘即可成菜。

☺ 注意事项

　1. 下入干辣椒炸时要掌握油温，不要炸糊。

　2. 放入油酥花生仁后不要炒的过久，以免回软，不酥脆。

40. 豆瓣鱼

操作视频

准备材料

主料：鲤鱼 1000g；

配料：姜米 30g，蒜米 50g，葱花 100g，葱段 10g，姜片 10g；

调料：豆瓣 100g，酱油 5g，盐 6g，料酒 10g，白糖 30g，醋 25g，水淀粉 20g。

制作步骤

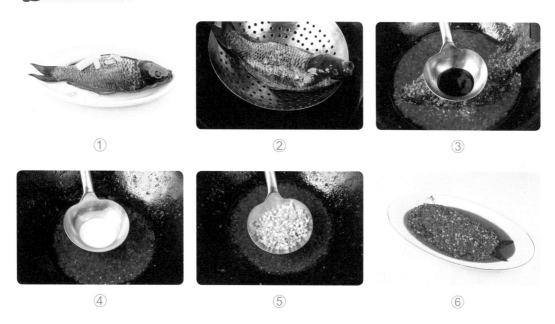

① ② ③

④ ⑤ ⑥

① 鲤鱼处理干净，在鱼两侧各划几刀，鱼尾修理整齐放入盘中，放入姜片、葱段，倒入料酒码味5 分钟。

② 净锅上火、入油，油温升至 7 成热时，拣去姜片、葱段，将鱼放入油锅中炸至紧皮捞出。

③ 锅内留少量油，下入豆瓣炒红，放入姜米、蒜米、葱花炒香，加入鲜汤煮开，下入鱼煮入味，放入酱油、盐、白糖、醋、料酒调味。汤汁煮至过半时，将鱼翻面继续烧至鱼熟。

④ 将鱼捞出放入盘中，向锅内倒入水淀粉勾芡。

⑤ 加入葱花调味。

⑥ 舀出汤汁淋在鱼上，即可成菜。

注意事项

1. 炸鱼时不要炸的时间太长。

2. 加入鲜汤时要掌握用量，以免烧制时间过长，导致鱼的肉质变老。

代表名菜

操作视频

准备材料

主料：肥肠 750g；

辅料：青二荆条 30g，红二荆条 30g，洋葱 30g；

配料：姜片 15g，蒜片 5g，葱段 10g，马耳朵葱 20g，八角 2g，香叶 2g，白蔻 2g，草果 2g，山奈 2g，小茴 2g；

调料：香油 20g，干辣椒 30g，干花椒 15g，白糖 2g，胡椒粉 2g，味精 3g，白酒 5g，料酒 10g，豆瓣 30g，盐 2g。

制作步骤

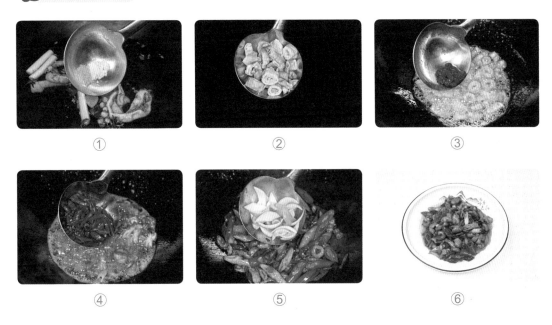

① ② ③

④ ⑤ ⑥

① 将肥肠放入装有 2000 毫升冷水的锅中，加入姜片、葱段、八角、干花椒、山奈、白蔻、草果、香叶、小茴、白酒、胡椒粉和盐，煮熟后捞出。

② 将晾凉的肥肠切成长约 3cm 长的短节。

③ 炒锅上火、入油，油温升至 5 成热时，下入肥肠短节，快速爆炒去水分，炒至干香、表面酥黄，加入豆瓣炒香出色。

④ 下入姜片、蒜片、马耳朵葱炒香，加入干辣椒、干花椒炒出味。

⑤ 下入青二荆条和红二荆条炒熟，下入味精、白糖和料酒调味，下入洋葱翻炒断生。

⑥ 加入香油炒匀，起锅装盘成菜。

🍲 注意事项

1. 肥肠要清洗干净，以免因异味过重而影响口感。

2. 煮制肥肠时加入少量盐，煮熟煮软。

3. 爆炒时大火烫油，爆去水分，爆至味香。

操作视频

准备材料

主料：鳝鱼片 400g；

辅料：独蒜 175g，芹菜 150g；

配料：姜片 10g，葱段 10g，姜米 5g，蒜米 5g；

调料：豆瓣 30g，干花椒 3g，盐 4g，白糖 3g，味精 5g，酱油 10g，香油 10g，水淀粉 15g，料酒 10g，
　　　胡椒粉 2g。

制作步骤

① ② ③
④ ⑤ ⑥
⑦ ⑧ ⑨

① 鳝鱼片洗净，去头、尾后切成约 6cm 长的段备用。

② 在装鳝鱼的碗中加入姜片、葱段、干花椒、料酒、盐和胡椒，拌匀码味备用。

③ 净锅上火，入油 100g，油温升至 5 成热时，下入鳝鱼段炸至肉质紧致，捞出控油备用。

④ 原锅中油温升至 6 成热时，下入独蒜炸至皮肉紧致，捞出备用。

⑤ 净锅上火，入油 20g，油温升至 3 成热时，下入豆瓣酱炒香出色，加入姜米、蒜米炒香。

⑥ 倒入鲜汤 500 毫升，大火烧沸，加入独蒜、酱油、白糖和胡椒粉推匀，放入炸好的鳝鱼段推匀，小
　火烧至独蒜酥软。

⑦ 加入味精、水淀粉推匀后转大火收汁亮油。

⑧ 加入芹菜段推匀断生，加入香油推匀。

⑨ 起锅装盘成菜。

🍲 **注意事项**

　　1. 炸鳝段时油温不宜过高，定形即可。

　　2. 炸蒜时油温要高，待蒜微黄、皮肉紧致即可。

操作视频

准备材料

主料：鲜大虾 350g；

辅料：生菜 500g；

配料：泡椒圈 30g，姜片 10g，葱段 10g；

调料：吉士粉 50g，白糖 10g，面粉 200g，生粉 100g，甜面酱 50g，料酒 15g，香油 10g，盐 3g，全蛋液 50g，胡椒粉 2g。

制作步骤

① ② ③

④ ⑤ ⑥

① 将葱段穿入泡椒圈中，用刀将两端划开成丝状，泡入凉白开中成花葱备用。

② 大虾去头、去壳，平刀开背去虾线，洗净控水装碗，加入姜片、葱段、料酒、盐和胡椒粉，拌匀码味腌渍备用。

③ 净碗中放入面粉、生粉和吉士粉，搅拌均匀，加入全蛋液顺时针搅拌成雪花状，分多次加入清水调成稀糊状面糊备用。

④ 净碗中放入甜面酱、白糖和香油，拌匀调制成酱香味碟备用。

⑤ 净锅入油 800g，油温升至 4 成热时，下入裹匀面糊的虾浸炸，待表皮金黄定形后捞出，锅中油温升至 6 成热时，下入虾复炸至外酥内软时捞出，控油备用。

⑥ 将生菜叶摆入盛器中围成一个圆，依次放入炸好的大虾，摆上花葱和酱香味碟，淋上香油成菜。

注意事项

1. 调制面糊时注意面粉与生粉的比例（7∶3），成形后面糊呈流体状。

2. 炸制时油量要多，使虾受热均匀，注意油温变化。

44. 大千干烧鱼

张大千所创"大千菜"，融川菜一菜一格、百菜百味特色，更集东西南北风味之精华。其中，"大千干烧鱼"就是张大千的家传菜，也是他的招牌菜。1985 年在内江市第一次大千风味菜肴研讨会上，张大千长女张心瑞谈及"大千干烧鱼"是源于祖母烧制的豆瓣鱼，后来由父亲加以创新而成。张大千对自己在美食方面的造诣也颇有自信，他曾说："以艺事而论，我善烹调，更在画艺之上。"

操作视频

准备材料

主料：鲤鱼750g；
辅料：猪肥肉粒50g，精瘦肉粒50g，冬笋粒50g，香菇粒30g；
配料：姜片20g，葱段15g，姜粒10g，蒜粒10g，葱花20g；
调料：豆瓣10g，泡椒末20g，酱油10g，胡椒粉3g，盐2g，白糖2g，香油5g，料酒15g，味精3g。

制作步骤

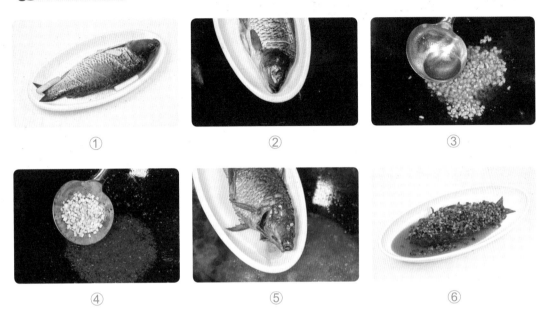

① ② ③

④ ⑤ ⑥

① 鲤鱼宰杀，去内脏、洗净，在鱼身两面剞刀，抽出筋线，加入姜片、葱段、料酒、盐、胡椒粉，抹匀码味，待其入味后去渣留鱼。

② 炒锅上火，入油1000g，油温升至6成热时，投入鲤鱼炸至表面酥黄定形捞出。

③ 净锅上火，入油30g，油温升至3成热时，加入猪肥肉粒和精瘦肉粒，炒至酥香，烹入料酒、酱油炒香出色，起锅装碗备用。

④ 炒锅上火，入油30g，油温升至3成热时，下入豆瓣、泡椒末，炒至出色出味，加姜粒、蒜粒炒香。

⑤ 下酥肉粒、冬笋粒、香菇粒，炒匀后加入清水，大火烧开，加酱油、胡椒粉、白糖调味，放入鱼推匀，中小火慢慢烧制，待鱼肉变软后捞出，装入盛器中备用。

⑥ 原锅待汤汁快干时加味精增鲜，汁干亮油时，加入香油和葱花，翻炒均匀后舀出，淋到鱼身上即可。

🍲 注意事项

1. 鲤鱼剞刀需在鱼肉较厚处，且下刀不宜太深，避免烧制时影响鱼形完整。

2. 炸制时油量要多，油温和火候要把控好。

3. 烧制时大火烧开调味，小火烧制使鱼入味，自然烧干水分，这样鱼肉才干香味浓。

操作视频

准备材料

主料：牛鞭花 150g，鸡肾 100g，鲜鱿鱼 150g，鲜鲍鱼 300g；
辅料：罗汉笋 50g，青笋 100g，胡萝卜 100g，老南瓜泥 250g；
配料：姜片 10g，葱段 10g；
调料：料酒 15g，盐 3g，胡椒面 2g，鲍鱼汁 15g，鸡汁 10g，水淀粉 15g。

制作步骤

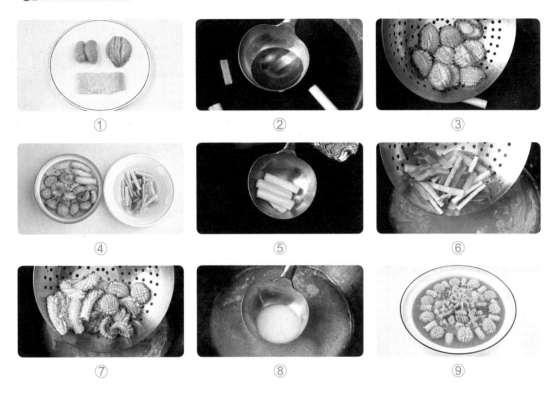

① ② ③

④ ⑤ ⑥

⑦ ⑧ ⑨

① 牛鞭花、鸡肾、鲜鱿鱼、鲜鲍鱼分别经刀工处理。

② 锅中烧水，加入姜片、葱段、料酒。

③ 将刀工处理后的牛鞭花、鸡肾、鲜鱿鱼、鲜鲍鱼分别放入开水锅中，氽至定形、去异味后捞出，再用清水漂冷待用。

④ 罗汉笋切小条，青笋、胡萝卜分别切小菱形块后一起放入沸水锅中，焯至断生捞出，清水漂冷备用。

⑤ 炒锅上火，下油烧热，下姜片、葱节炒青后，加入清水烧开，拣出姜、葱，加入老南瓜泥调匀，熬至出色后，沥渣不用，加盐、胡椒面、鲍鱼汁、鸡汁调匀。

⑥ 先后放入罗汉笋、青笋、胡萝卜，烩制成熟入味，捞出入盘垫底待用。

⑦ 放入各种主料，烩制入味后捞出，放在垫底料上摆放整齐。

⑧ 锅中原汁加水淀粉勾芡，汁浓味厚时淋在原料上。

⑨ 装盘盛菜。

📛 注意事项

1. 主料应分别氽制，避免窜味。

2. 烩制时，时间不宜过长，成熟入味即可。

操作视频

准备材料

主料：桂鱼 1 条（750g）；

辅料：黄瓜瓦楞片 350g；

配料：红椒粒 10g，葱段 25g，葱花 5g，葱丝 15g，生姜 5g；

调料：盐 5g，鸡精 2g，胡椒粉 2g，料酒 10g，白糖 2g，蚝油酱汁 20g，豆豉 25g，蛋清豆粉 20g。

制作步骤

① 桂鱼初加工，去鳞、腮、内脏，鱼头与鱼尾分开，取净肉片，切成蝴蝶片。

② 将鱼片、鱼头和鱼尾放入碗中，加入盐、鸡精、姜、葱段、料酒、胡椒粉码味，加入蛋清豆粉上浆。

③ 净锅上火，加入清水，加入盐、料酒、胡椒粉，下黄瓜焯水断生。

④ 沸水中下鱼头、鱼骨，氽熟后捞出摆在黄瓜前后，再下鱼片氽熟，摆在黄瓜上。

⑤ 净锅上火、入油，油温升至 5 成热时，下豆豉炒香，加盐、味精、白糖、料酒炒匀，舀出淋在鱼片上。

⑥ 撒上葱花、红椒粒、葱丝点缀，蚝油酱汁装入味碟和鱼一起上桌。

♨ 注意事项

1. 注意氽制时的火候，以刚熟为佳。

2. 炒豆豉时，火不宜大，应慢炒至出香味。

47. 葱烧大黄鱼

操作视频

准备材料

主料：大黄鱼 750g；

辅料：麦子仁 50g，香菜 20g，洋葱 50g；

配料：大葱圈 100g，姜片 20g，青椒粒 20g，红椒粒 20g；

调料：盐 2g，鸡汁 5g，白糖 1g，老抽 3g，一品鲜 5g，美极鲜 5g，蚝油 5g，花雕酒 10g。

制作步骤

① 大黄鱼洗净，加入花雕酒、白糖、盐、姜、葱，码味备用。

② 麦子仁煮熟备用。

③ 净锅上火、入油，油温升至 7 成热时，放入大黄鱼，炸至皮黄、肉酥备用。

④ 将大葱、生姜、洋葱、香菜切细，放入 5 成热油中，炸至金黄色后沥油。

⑤ 锅中留底油，油温 5 成热时，放入蚝油炒香，下入炸好的各种配料。

⑥ 加入鲜汤、花雕酒、盐、鸡汁、老抽、一品鲜、美极鲜，熬 1 个小时至汤汁浓稠，捞去渣。

⑦ 下入大黄鱼，烧入味。

⑧ 继续加入麦子仁烧入味。

⑨ 撒上青椒粒、红椒粒，装盘即成。

🍲 注意事项

1. 大黄鱼下锅炸时要稍微多炸一会儿，防止在烧的时候烧烂。

2. 调料不宜太多，注意不要太咸。

48. 石锅焖巴骨肉

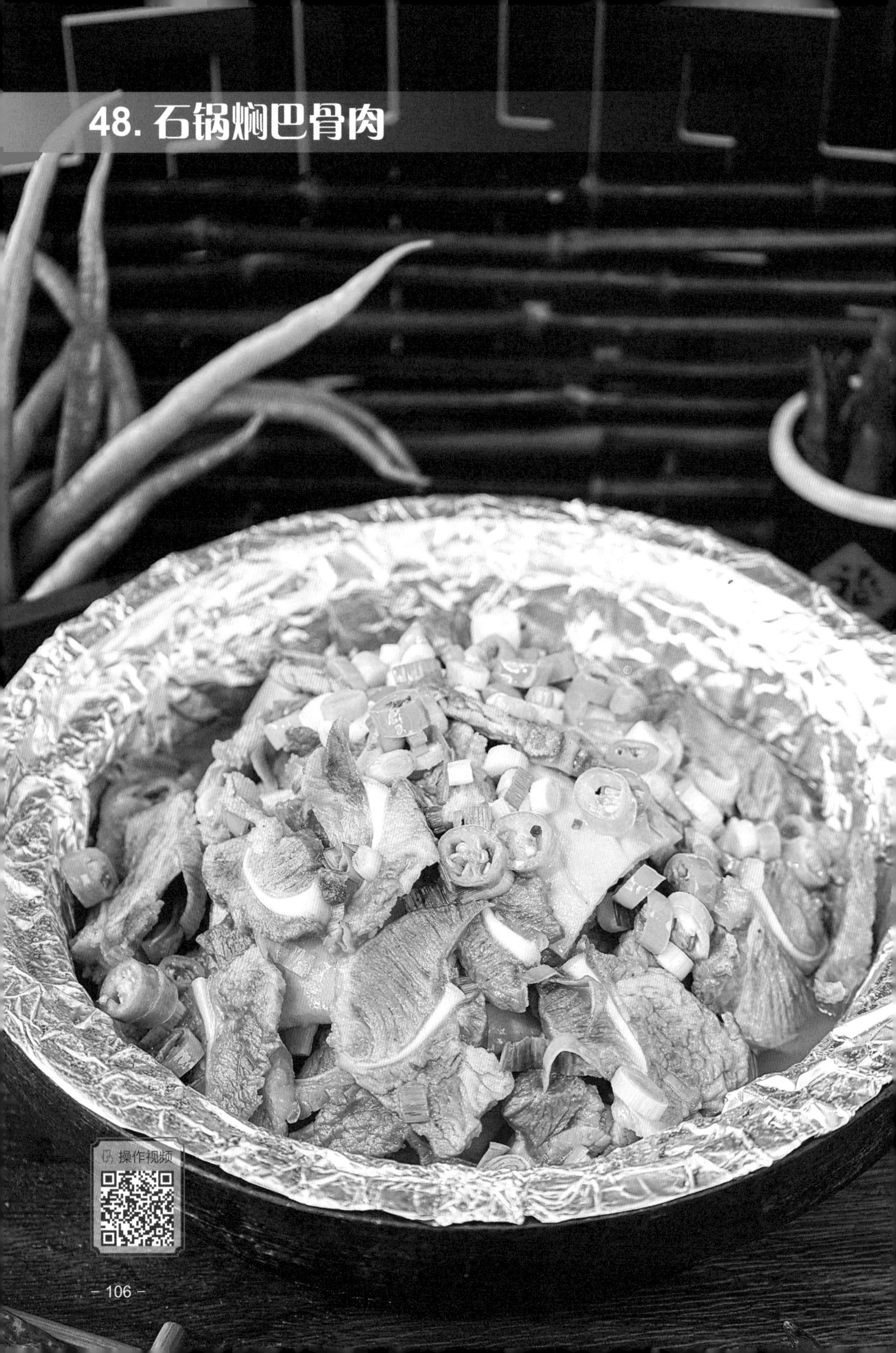

准备材料

主料：带骨肉 250g；
辅料：千叶豆腐 200g，鸡蛋 100g；
配料：姜片 5g，蒜粒 20g，蒜苗花 10g，青二荆条圈 20g；
调料：盐 5g，鸡精 5g，菜籽油 30g。

制作步骤

① ② ③
④ ⑤ ⑥

① 带骨肉漂净血水，入沸水锅中煮至水开，撇去浮沫。

② 将带骨肉放入净锅，加入鲜汤、姜，煨熟后切成片。

③ 鸡蛋煎成荷包蛋后切成条。

④ 千叶豆腐切成厚片后焯水备用，姜切片，蒜切粒，蒜苗切花，青二荆条切圈。

⑤ 锅内下菜籽油，下带骨肉片、姜片、蒜粒、煎鸡蛋，加盐、鸡精炒香。

⑥ 装入垫有千叶豆腐的石锅中，撒上蒜苗花和青二荆条圈，淋上热油即可成菜。

注意事项

1. 石锅垫上锡纸，以防止粘锅。

2. 煎鸡蛋时注意不要弄破。

3. 带骨肉煨制时火候要恰当。

操作视频

准备材料

主料：猪五花肉 500g，鲍鱼 200g；

辅料：羊肚菌 50g，火腿 50g；

配料：姜片 10g，葱段 30g，榨菜 15g；

调料：盐 5g，料酒 10g，葡萄酒 150g，醪糟 30g，冰糖 30g，鸡粉 5g，花椒 2g，白醋 20g。

制作步骤

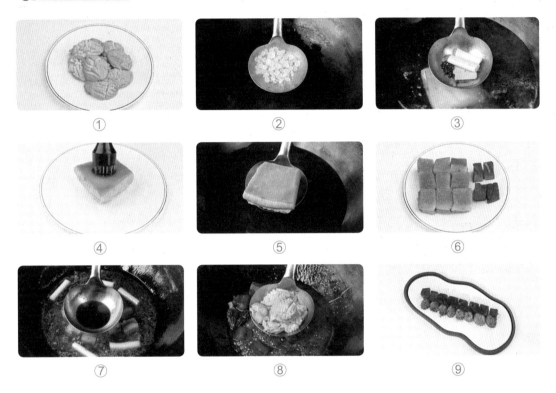

① 鲍鱼洗净后剞十字花刀备用；姜切片，葱切段，榨菜切丝备用。

② 冰糖炒成糖色备用。

③ 猪五花肉洗净后下入锅中，加入姜、葱、料酒、花椒煮熟。

④ 煮熟后用松肉针扎一遍，抹上盐和白醋。

⑤ 净锅上火、入油，油温升至 5 成热时，下五花肉炸至金黄色，捞出后切成约 2cm 的方块。

⑥ 火腿下锅炸至红色，捞出后切成约 1.5cm 的方块。

⑦ 锅内留油，油温升至 5 成热时，加入姜片、葱段、榨菜丝炒香，加入鲜汤、糖色煨制，继续加入五花肉块、火腿块、醪糟，再倒入葡萄酒煨 1 小时。

⑧ 加入羊肚菌、鲍鱼，煨至汤汁浓郁。

⑨ 出锅装盘。

🍵 注意事项

    1. 煮制猪五花肉时要煮透，才易成形切块。

    2. 炸的时候稍微多炸一会儿，利于皮酥且上色均匀。

50.花胶鸡

准备材料

主料：土公鸡 750g；

辅料：干鱼肚 100g，金瓜 250g，枸杞 10g，大枣 15g；

配料：姜片 20g，葱段 20g；

调料：盐 5g，鸡精 5g，鸡汁 10g，水淀粉 10g，鸡油 100g。

制作步骤

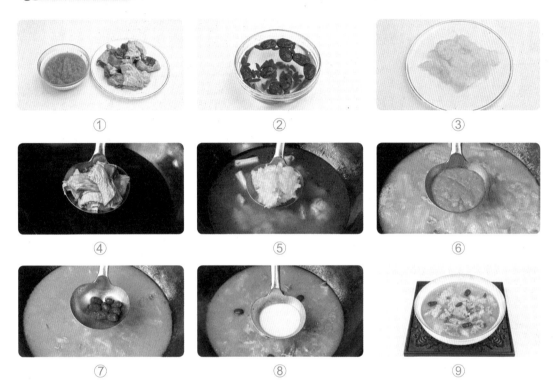

① 金瓜去皮切成块，上蒸笼蒸熟后压成泥备用。

② 枸杞、大枣用开水泡发备用。

③ 干鱼肚烤软后，放入 3 成热油温中炸至发泡，放入鲜汤中漂去油星，改刀切成厚片备用。

④ 土鸡斩成块，入沸水中煮，撇去浮沫后捞出备用。

⑤ 净锅上火、入鸡油，油温升至 5 成热时，下入姜、葱、鸡块炒香，加入鲜汤烧开，加入鱼肚片，小火烧至炑软。

⑥ 另取净锅，上火、入鸡油，油温升至 5 成热时，下入金瓜泥炒香，倒入鸡汤中。

⑦ 下大枣、盐、鸡精、鸡汁熬香。

⑧ 用水淀粉勾成玻璃芡。

⑨ 撒上枸杞即可成菜。

🥘 **注意事项**

1. 鱼肚发制时不要发得太透。

2. 鸡可制作成全鸡。

操作视频

准备材料

主料：鲜鱿鱼 500g；

辅料：糯米 150g，肉末 50g，红腰豆 20g，薏米 20g，莲子 20g，花生仁 20g，黑豆 20g，百合 15g；

配料：姜片 5g，葱段 5g；

调料：盐 5g，料酒 15g，香油 5g，生粉 20g，椒盐 15g，老抽 10g，大红浙醋 50g。

制作步骤

① 取新鲜鱿鱼去膜去骨，洗净后加入盐、料酒、姜片、葱段，拌匀码味备用。

② 把肉末、红腰豆、薏米、莲子、花生仁、百合、糯米、黑豆洗净，放入锅中蒸熟，再加入盐、香油调味备用。

③ 将生粉撒入鱿鱼腹内，再将调好味的食材塞入鱿鱼腹内，最后用生粉封口备用。

④ 净锅上火，加入清水，水煮开后下入老抽、大红浙醋，继续下入鱿鱼汆至上色，上色后捞出沥水备用。

⑤ 净锅上火、入油，油温升至 5 成热时，下鱿鱼炸制，炸至表皮金黄捞出沥油。

⑥ 将炸好的鱿鱼改刀成圆形厚片，摆入盘中，撒上椒盐即可成菜。

☺ 注意事项

1. 炸制的时间不要太长。

2. 汆鱿鱼上色时，颜色不宜太深。

准备材料

主料：黄豆 250g，黑豆 50g；

辅料：面粉 50g，竹炭粉 3g，酵母粉 3g，泡打粉 3g，鸡蛋 250g；

调料：沙拉酱 25g，炼乳 20g，白糖 20g，生粉 20g，盐 2g。

制作步骤

① 取黄豆和黑豆放入碗中，加清水泡发 10 小时，将泡发好的黄豆和黑豆倒入料理机中，加清水打成豆浆，过滤后留浆水备用。

② 在过滤好的豆浆中加入鸡蛋液、盐、水淀粉、白糖，调匀。

③ 将调匀的面糊倒入盘中，放入蒸笼中蒸熟。

④ 将蒸熟后的豆腐改刀成长条。

⑤ 将面粉、生粉、竹炭粉、酵母粉、泡打粉加水调成面糊，再加入色拉油调成脆皮糊，把豆腐条裹上脆皮糊。

⑥ 净锅上火、入油，油温升至 5 成热时，将裹上脆皮糊的豆腐条放入油锅中炸制，炸至表皮酥脆，捞出装盘。将沙拉酱、炼乳、白糖调成汁，淋在豆腐上，即可成菜。

☝ 注意事项

1. 豆浆和鸡蛋的比例为 1：1，蒸时火不宜太大，以免蒸泡起蜂窝眼。

2. 炸制时，脆皮糊要先静置 10 分钟左右，充足发酵后再炸，效果会更好。

53. 盐焗乳鸽

　　盐焗乳鸽的前身是"盐焗鸡"。盐焗是中国最具特色的烹调技艺，它的形成与广东地区人们的迁徙生活密切相关。在迁徙过程中，活禽不便携带，人们便将其宰杀，放入盐包中，以便贮存。盐焗鸡就是人们在迁徙过程中运用智慧制作，并闻名于世的菜肴。

　　"盐焗乳鸽"以"乳鸽"替代"鸡"，选材上更加考究肉质的鲜嫩，可谓是老少皆宜的一道菜品。

操作视频

准备材料

主料：乳鸽 250g；

辅料：香菜茸 150g，芽菜末 30g，小土豆 150g；

配料：姜茸 10g，葱茸 10g；

调料：盐 500g，料酒 15g，麦芽糖 15g，五香粉 15g，盐焗鸡粉 10g，辣椒面 10g。

制作步骤

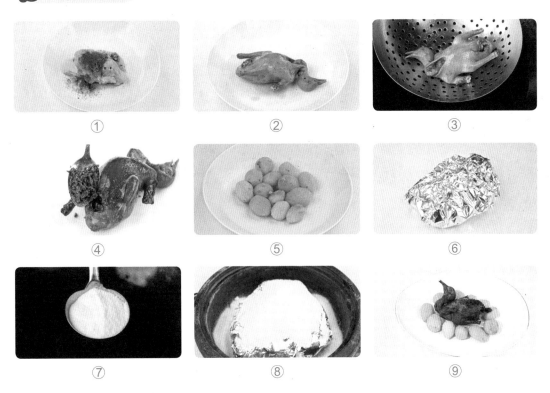

① 取新鲜乳鸽去除内脏、脚爪，冲净血水后放入盘中，加入姜茸、葱茸、香菜茸、料酒、盐焗鸡粉、五香粉、辣椒面码味 5 小时，码好味后，拣去渣，留乳鸽备用。

② 净锅上火，加入清水，下入乳鸽汆制，汆好后捞出，趁热抹上麦芽糖。

③ 净锅上火、入油，油温升至 4 成热时，下入乳鸽炸至金红色捞出。

④ 把芽菜末灌入乳鸽腹中，备用。

⑤ 净锅上火，加入清水，下入土豆焯水，焯好后捞出，加入盐焗鸡粉拌匀，备用。

⑥ 用锡纸把鸽子和土豆包裹好，备用。

⑦ 净锅上火，下入盐炒烫，将炒烫的盐装在石锅里。

⑧ 将锡纸包裹好的鸽子和土豆放入砂锅中，再继续加入剩下的热盐，小火焗 30 分钟。

⑨ 取出盐焗好的鸽子和土豆，装入盘中，即可成菜。

🍲 注意事项

1. 码味时间要充分，乳鸽大腿、胸脯肉厚的地方可用竹签扎一下，更易入味。

2. 盐焗时，火宜小，时间要充足。

54. 金汤千层丝

操作视频

🌀 准备材料

主料：毛肚丝 400g；
辅料：黄瓜丝 75g，小米辣圈 15g；
配料：蒜米 35g，葱段 10g，姜片 10g，野山椒碎 100g，葱花 10g；
调料：黄灯笼酱 50g，盐 5g，鸡粉 15g，白胡椒粉 5g，蒸鱼豉油 20g，料酒 10g，菜籽油 35g。

🌀 制作步骤

① 毛肚丝冲净碱味后放入碗中，加入姜片、葱段、料酒，腌制 2 小时。

② 净锅上火，加入清水，水开后，下入毛肚丝汆制，快速捞出备用。

③ 净锅上火，加入菜籽油，油温升至 5 成热时，下入黄灯笼酱、野山椒碎、蒜米，小火炒香，然后加入鲜汤煮沸，再加入盐、鸡粉、白胡椒粉调味。

④ 下入毛肚丝煮入味。

⑤ 下入蒸鱼豉油、小米辣圈调味。

⑥ 毛肚丝煮熟入味后，舀出装入盘中，撒上葱花点缀。净锅上火、入油，油温升至 6 成热时，舀出热油淋在毛肚丝上即可成菜。

🍲 **注意事项**

　1. 毛肚丝要洗净，去除碱味。

　2. 汆制时间不宜太长，应保持毛肚丝脆嫩。

55. 鸡汁烩鱼面

准备材料

主料：草鱼 800g；

辅料：丝瓜丝 20g，蛋皮丝 20g，猪肥膘肉 80g，胡萝卜丝 20g，鸡蛋清 100g；

配料：姜片 30g，葱段 20g；

调料：盐 6g，料酒 8g，胡椒 5g，浓缩鸡汁 15g，水淀粉 30g，鸡油 20g。

制作步骤

① ② ③

④ ⑤ ⑥

① 草鱼洗净，去掉鱼头、鱼刺、鱼皮，改刀成小片。猪肥膘肉切成小片。

② 碗中放清水，放入姜片、葱段泡出味，留姜葱水备用。

③ 料理机内依次放入鱼片、猪肥膘肉、鸡蛋清、盐、料酒、浓缩鸡汁、水淀粉，再倒入姜葱水，快速搅拌打成鱼糁。净锅上火，加入清水，水开后，将鱼糁装入裱花袋内，挤入水内，制成鱼面。鱼面煮熟后，捞出泡入凉水中备用。

④ 净锅上火、入油，油温升至 3 成热时，下入姜片、葱段炒香，加入鲜汤煮开，拣去姜片、葱段，下入盐、料酒调匀。

⑤ 下入鱼面、丝瓜丝、蛋皮丝、胡萝卜丝烩入味，加入鸡汁调匀，倒入水淀粉勾二流芡，最后倒入鸡油调匀。

⑥ 起锅装盘即可成菜。

注意事项

烩制时动作要轻一点。

56. 石锅仔姜鸭

操作视频

准备材料

主料：仔鸭 600g；

辅料：仔姜片 150g；

配料：青小米椒 80g，红小米椒 80g，蒜米 120g，葱段 100g，姜片 30g，鲜青花椒 50g；

调料：豆瓣 100g，盐 8g，料酒 10g，鸡精 10g，藤椒油 20g。

制作步骤

① ② ③
④ ⑤ ⑥

① 仔鸭洗净，改刀成条，青小米椒、红小米椒切成约 3cm 长的节。净锅上火，加入清水，下入姜片、葱段、料酒煮沸，晾凉后，将鸭肉放入冷水锅中煮，水开后撇去血沫，捞出备用。

② 净锅上火入油，油温升至 3 成热时，下入豆瓣炒香，再下入蒜米、青花椒炒香。

③ 加入鲜汤烧开，打去料渣。

④ 放入鸭肉煮入味，接着下入盐、料酒调匀，烧至鸭肉熟软。

⑤ 下入仔姜片炒匀，再下入小米椒调味，然后下入鸡精调匀，最后倒入藤椒油调匀。

⑥ 起锅装入烧热的石锅内，撒上青花椒即可成菜。

☙ 注意事项

1. 鸭肉入冷水锅中煮时，血污要去除干净。

2. 鸭子要烧软才入味。

57. 铁板鳝段

准备材料

主料：鳝鱼 400g；

辅料：黄瓜条 200g，洋葱丝 50g；

配料：姜米 10g，蒜米 20g，泡椒末 50g，野山椒节 10g，姜片 5g，葱段 5g，子弹头泡椒 20g；

调料：盐 6g，料酒 8g，胡椒粉 3g，鸡精 6g，水淀粉 10g。

制作步骤

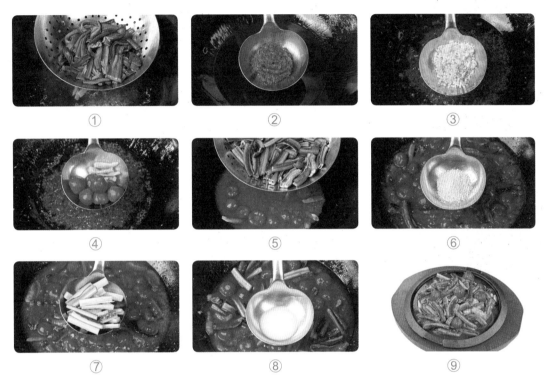

① ② ③

④ ⑤ ⑥

⑦ ⑧ ⑨

① 鳝鱼切段备用，净锅上火，加入清水，水沸后，放入姜片、葱段、料酒，再下入鳝鱼汆制，汆好后捞出备用。

② 净锅上火入油，油温升至 3 成热时，放入泡椒末炒红。

③ 下入姜米、蒜米炒香。

④ 下入野山椒节、子弹头泡椒，炒匀出味。

⑤ 加入鲜汤煮沸，下入鳝鱼煮入味。

⑥ 放入盐、料酒、胡椒粉，调匀烧入味，再放入鸡精调味。

⑦ 放入黄瓜条微烧。

⑧ 用水淀粉勾芡，收汁亮油。

⑨ 铁板烧热，洋葱丝垫底，将菜肴倒在铁板上即可成菜。

☕ 注意事项

1. 鳝鱼要选取大小均匀的。

2. 黄瓜下锅烧的时间不宜过长。

3. 主料要烧软才能入味。

58. 金汤墨鱼花

操作视频

准备材料

主料：鲜墨鱼 500g；

辅料：黄瓜条 100g，金瓜 150g；

配料：姜米 6g，蒜米 15g，姜片 6g，葱段 10g，青小米椒圈 8g，红小米椒圈 8g，野山椒末 8g；

调料：黄椒酱 30g，盐 5g，料酒 10g，白醋 10g，鸡精 5g，水淀粉 6g。

制作步骤

① 墨鱼去皮洗净，改刀成花。金瓜蒸制后，打成泥。净锅上火，加入清水，水开后，先下入姜片、葱段、料酒，再下入墨鱼氽制，氽好后捞出备用。

② 净锅上火入油，油温升至 3 成热时，先下入黄椒酱炒香，然后下入野山椒末炒香，再放入姜米、蒜米炒香。

③ 放入金瓜泥，炒匀出色。

④ 加入鲜汤，烧开后打去料渣，下入盐、料酒、鸡精调匀。

⑤ 下入黄瓜略烧后，捞出黄瓜垫底。

⑥ 锅内放入白醋调味，用水淀粉快速勾芡。

⑦ 放入墨鱼煮入味。

⑧ 放入青小米椒圈、红小米椒圈煮出味。

⑨ 起锅后淋在黄瓜上即可成菜。

注意事项

1. 墨鱼氽制时间不宜过长。

2. 酸辣味要突出。

操作视频

准备材料

主料：鸡翅 500g；
辅料：全蛋豆粉糊 50g，面包糠 200g，红椒粒 6g，青椒粒 6g；
配料：洋葱丝 10g，香菜 20g，柠檬片 20g，姜片 8g，葱段 8g；
调料：辣鲜露 10g，美极鲜 6g，盐 5g，料酒 8g，胡椒粉 5g。

制作步骤

① ② ③

④ ⑤ ⑥

① 鸡翅洗净，两面剞几刀，锅内加水，下入姜片、葱段、料酒，再放入鸡翅，水开后撇去浮沫，捞出放凉备用。

② 净锅上火、入油，油温升至 3 成热时，下入姜片、葱段、洋葱丝、香菜、柠檬片，炒匀出味。

③ 加入鲜汤烧开，下入辣鲜露、美极鲜、盐、料酒、胡椒粉调味，再放入鸡翅煮入味后捞出。

④ 鸡翅裹上全蛋豆粉糊，扑上面包糠。

⑤ 净锅上火、入油，油温升至 5 成热时，下入鸡翅，炸至表面酥脆后捞出，摆入盘中。

⑥ 撒上青椒粒、红椒粒即可成菜。

> 🍲 注意事项
>
>   1. 鸡翅应选择大小均匀的。
>   2. 炸鸡翅的油温不宜过高。

操作视频

准备材料

主料：去皮前夹猪肉 500g；

辅料：荸荠粒 20g，宝塔菜 20g，鸡蛋液 50g；

配料：姜片 10g，葱段 10g，姜葱水 20g；

调料：鲍鱼汁 20g，蚝油 8g，生抽 5g，老抽 5g，盐 5g，料酒 8g，胡椒粉 3g，浓缩鸡汁 6g，水淀粉 10g。

制作步骤

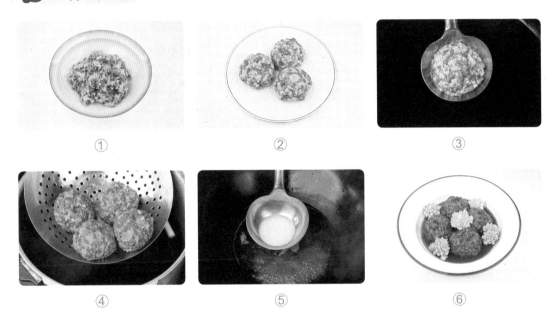

①　　　　　　　　　　②　　　　　　　　　　③

④　　　　　　　　　　⑤　　　　　　　　　　⑥

① 猪肉洗净，切成黄豆大小的粒，荸荠去皮切粒，宝塔菜修成小朵，鸡蛋调散。猪肉放入盆内，加入姜葱水、鸡蛋清、盐、料酒、胡椒粉、荸荠粒、水淀粉调匀。

② 将肉馅用手团成直径约 5cm 大小的狮子头。

③ 净锅上火入宽油，油温升至 6 成热时，将狮子头放入锅内，炸至定形捞出。

④ 高压锅内加水，放入狮子头，再下入姜片、葱段、鲍鱼汁、蚝油、生抽、老抽、盐、料酒、胡椒粉，压制 15 分钟，然后捞出装盘。

⑤ 原汁入锅，放入浓缩鸡汁，用水淀粉勾芡，汁浓起锅，将汁淋在狮子头上。

⑥ 宝塔菜焯熟后捞出，摆在盘内即成。

> ♨ 注意事项
>
> 1. 掌握猪肉的肥瘦比例。
> 2. 狮子头要用高压锅压制熟软，注意压制的时间。

61. 茉莉花香鸡脆骨

操作视频

准备材料

主料：鸡脆骨 350g；

辅料：鲜茉莉花 30g，青椒粒 20g，红椒粒 20g，鸡蛋清 25g；

配料：姜米 5g，蒜米 5g，姜片 10g，葱段 10g；

调料：盐 5g，鸡精 5g，美极鲜 5g，辣鲜露 5g，料酒 5g，糯米粉 30g，生粉 40g，吉士粉 15g。

制作步骤

① 鸡脆骨洗净，加入盐、料酒、姜片、葱段码味，20 分钟后拣去姜片、葱段；再加入糯米粉、生粉、吉士粉、鸡蛋清、色拉油，调匀上浆。

② 净锅上火、入油，油温升至 5 成热时，下入上浆后的鸡脆骨，炸至外酥内嫩，备用。

③ 净锅上火、入油，油温升至 5 成热时，下入茉莉花炸干水分，备用。

④ 锅内留少许油，下入姜米、蒜米炒香。

⑤ 下入鸡脆骨炒香。

⑥ 下入青椒粒、红椒粒炒香。

⑦ 加入美极鲜、辣鲜露炒匀。

⑧ 下入炸好的茉莉花炒匀。

⑨ 起锅装盘即可成菜。

注意事项

1. 鸡脆骨要炸酥，炸制时间可以长一点。

2. 炸茉莉花时不要炸变色，炸干水汽即可。

62. 荷香糯米排骨

操作视频

准备材料

主料：排骨 800g；
辅料：糯米 200g，荷叶 1 张；
配料：姜片 8g，葱段 8g，葱花 8g，灯笼红椒粒 6g；
调料：蚝油 8g，美极鲜 5g，生抽 5g，盐 5g，料酒 5g，胡椒粉 5g，白糖 3g。

制作步骤

① 　　　　　　　　　　② 　　　　　　　　　　③

④ 　　　　　　　　　　⑤ 　　　　　　　　　　⑥

① 糯米提前泡涨备用。

② 将排骨斩成约 5cm 长的段放入盆内。

③ 加入姜片、葱段、盐、白糖、胡椒粉、蚝油、美极鲜、生抽、料酒码匀，腌制 10 分钟后，拣去姜片、葱段。

④ 将排骨裹上水泡糯米。

⑤ 将糯米排骨放入垫有荷叶的蒸笼中蒸熟。

⑥ 取出蒸笼，撒上葱花、灯笼红椒粒即可成菜。

🍲 **注意事项**

1. 排骨要选择纤排骨。

2. 糯米要泡透。

3. 注意蒸的时间。

63. 鸿运鱼头

准备材料

主料：花鲢鱼头 1000g；
辅料：剁椒酱 150g，野山椒粒 50g；
配料：蒜米 20g，姜片 8g，葱段 8g，葱花 6g；
调料：盐 5g，料酒 8g，胡椒粉 5g，鸡精 6g，白醋 10g。

制作步骤

① 花鲢洗净，从腹部改成两半，加入姜片、葱段、盐、胡椒粉、料酒，码味 5 分钟，备用。

② 净锅上火、入油，油温升至 3 成热时，下入剁椒酱，炒香出色。

③ 下入野山椒粒、蒜米炒匀。

④ 加入鲜汤烧开煮入味。

⑤ 放入盐、胡椒粉、鸡精调味。

⑥ 放入料酒调匀。

⑦ 放入白醋调匀，舀出料汁淋在鱼头上。

⑧ 锅置旺火，将鱼头放入蒸笼中蒸 12 分钟。

⑨ 蒸熟后取出，撒上葱花即可成菜。

注意事项

1. 鱼头码味要均匀。
2. 掌握蒸鱼的时间。

64. 铁板鸭掌

操作视频

🌀 准备材料

主料：去骨鸭掌 350g；

辅料：青椒块 50g，红椒块 50g，洋葱块 50g；

配料：姜片 5g，蒜片 10g，马耳朵葱 15g；

调料：盐 2g，香辣酱 10g，蚝油 10g，黄油 5g，美极鲜 5g，辣鲜露 5g，料酒 10g，鸡精 5g，水淀粉 15g。

🌀 制作步骤

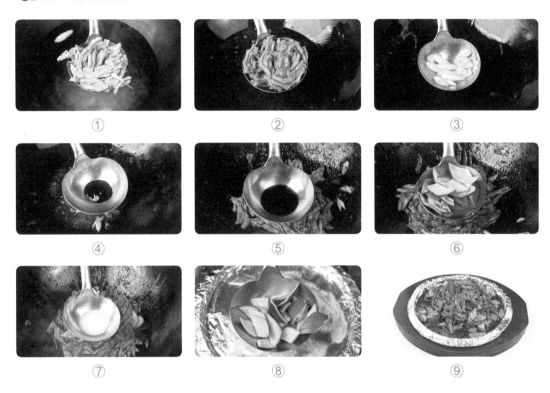

① 　② 　③

④ 　⑤ 　⑥

⑦ 　⑧ 　⑨

① 净锅上火，加入水，水沸后，将漂洗干净的鸭掌放入锅中汆制，加入姜片、马耳朵葱、盐、料酒，汆熟后捞出备用。

② 净锅上火，入油，油温升至 4 成热时，下入鸭掌，滑油后捞出备用。

③ 锅中留少许油，油温升至 5 成热时，下入姜片、蒜片、马耳朵葱炒香。

④ 加入香辣酱、蚝油炒香。

⑤ 下入鸭掌炒香，加入盐、鸡精、料酒、美极鲜、辣鲜露调匀。

⑥ 下入青椒块、红椒块、洋葱块炒匀。

⑦ 加入少许鲜汤烧开，再用水淀粉勾芡，起锅装盘。

⑧ 铁板烧热，放入黄油炒化，再下入洋葱块炒香。

⑨ 将炒熟的洋葱块倒入鸭掌中，即可成菜。

♨ 注意事项

鸭掌滑油时，油温不要过高。

65. 家常藿香丁桂

操作视频

🌀 准备材料

主料：丁桂 600g；
辅料：野山椒末 15g，泡仔姜粒 20g，泡萝卜粒 20g，泡青菜粒 20g，鲜藿香末 15g；
配料：泡椒末 20g，姜片 6g，葱段 8g，姜米 10g，蒜米 15g，葱花 10g；
调料：盐 8g，料酒 8g，胡椒粉 5g，鸡精 6g，水淀粉 10g。

🌀 制作步骤

① ② ③

④ ⑤ ⑥

① 丁桂鱼洗净，在鱼身两侧划两刀，加入姜片、葱段、盐、胡椒粉、料酒码味，10 分钟后拣去姜片、葱段。

② 净锅上火、入水，放蒸锅，水开后放入丁桂，蒸 8 分钟至熟，取出。

③ 净锅上火、入油，油温升至 3 成热时，下入泡椒末炒香出色，加入泡仔姜粒、泡萝卜粒、泡青菜粒、野山椒末炒匀，放入姜米、蒜米、葱花炒香。

④ 加入鲜汤烧开，下入盐、料酒、胡椒粉、鸡精调味。

⑤ 用水淀粉勾芡，汁浓时撒入鲜藿香末。

⑥ 起锅淋在主料上即成。

🍲 注意事项

　　1. 掌握蒸鱼的时间。
　　2. 注意泡菜的咸度。

准备材料

主料：泰国大虾仁 300g；
辅料：鲜口蘑 100g，青笋球 100g，野山椒 20g；
配料：大葱丁 15g，姜片 5g；
调料：盐 2g，鸡精 5g，料酒 10g，白醋 10g，胡椒粉 2g，鸡油 15g，淀粉 20g，蛋清豆粉 30g。

制作步骤

① 虾仁开背、去虾线，放入清水中冲泡至半透明，加入盐、料酒、姜片、大葱丁码味，10 分钟后加入
  蛋清豆粉拌匀，放置 1 小时。

② 口蘑去皮、切块备用。

③ 净锅上火、入油，油温升至 3 成热时，下入虾仁滑油，滑熟后捞出备用。

④ 净锅上火、入水，下入口蘑块焯熟，捞出漂冷备用。

⑤ 净锅上火、入水，下入青笋球焯熟，捞出漂冷备用。

⑥ 锅内下入鸡油，油温升至 3 成热时，下入葱丁、姜片、野山椒炒香。

⑦ 下入虾仁煮熟，口蘑、青笋球烧 3 分钟至入味。

⑧ 加入盐、鸡精、料酒、白醋调味，用水淀粉勾玻璃芡。

⑨ 起锅装盘。

🍽 注意事项

1. 上浆的虾仁最好放入冰箱冻一会儿，下锅前可加少许色拉油，防止粘连。

2. 烧的时间不要太长，以免青笋变色、虾仁脱浆。

67. 烤椒墨鱼仔

操作视频

主料：墨鱼仔 500g；
辅料：小芋头 350g，青二荆条 100g，青二荆条圈 20g；
调料：盐 5g，生抽 5g，生菜油 100g，辣鲜露 2g，黑椒酱 5g，藤椒油 15g，鸡精 5g。

制作步骤

① 墨鱼仔洗净后剖成两半，入沸水锅中汆制。

② 净锅上火、入水，水开后，下入小芋头，加入盐煮熟。

③ 净锅上火，下入青二荆条，干炒至表面呈虎皮状，捞出备用。

④ 将一部分青二荆条用刀剁碎，加入生抽、鸡精、黑椒酱、藤椒油、生菜油、辣鲜露制成烧椒酱，另一部分青二荆条切成圈备用。

⑤ 净锅上火，加入熟菜籽油，油温升至 3 成热时，下入烧椒酱微炒，再下入墨鱼仔、小芋头炒匀。

⑥ 起锅装入煲仔内，撒上青二荆条圈。净锅上火入油，油温升至 6 成热时，舀出淋在菜上即可。

注意事项

1. 小芋头可用高压锅压制 2 分钟。
2. 青二荆条也可放火上烧成虎皮状。

68. 五谷杂粮花胶粒

操作视频

准备材料

主料：鲜冻花胶 300g；

辅料：芦笋 50g，红腰豆 20g，小米 20g，火腿粒 20g，薏米 10g，山药粒 10g，金瓜泥 50g；

配料：姜片 12g，葱段 10g；

调料：盐 5g，料酒 8g，胡椒粉 3g，鸡油 10g，浓缩鸡汁 6g，水淀粉 10g。

制作步骤

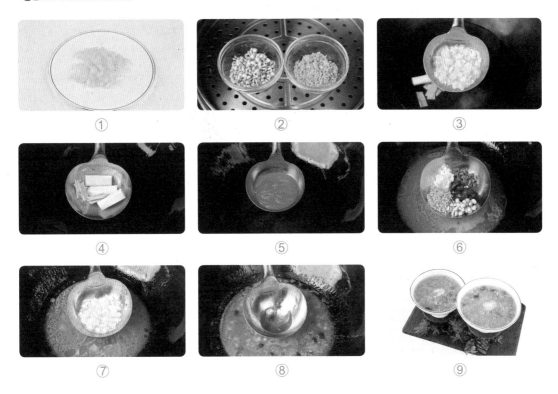

① 将花胶洗净，改刀成玉米大小的粒。

② 将小米、薏米放入碗内，加入清水，一并放入蒸笼内蒸，蒸熟后取出备用。山药粒、火腿粒也上蒸笼蒸熟。

③ 净锅上火、入水，下入姜片、葱段、料酒，将花胶放入锅内煮，水开后捞出备用。

④ 净锅上火、入油，油温烧至 3 成热时，下入姜片、葱段炒香，再拣去姜片、葱段。

⑤ 加入鲜汤，下入金瓜泥烧开。

⑥ 下入红腰豆、小米、火腿粒、薏米、山药粒吃味。

⑦ 下入花胶，放入盐、料酒、胡椒粉、浓缩鸡汁调匀。

⑧ 用水淀粉勾芡，汁浓时加入鸡油和匀，起锅装入碗内。

⑨ 将芦笋放入锅内焯熟，起锅放入碗内即可成菜。

☙ 注意事项

1. 花胶改刀大小要均匀。

2. 勾芡汁不宜过浓。

69. 纸包神仙蟹

操作视频

准备材料

主料：肉蟹 1000g；

辅料：猪肉末 50g，芽菜末 20g；

配料：泡椒节 6g，葱段 12g，姜片 18g，姜米 6g；

调料：酱油 3g，盐 5g，糖色 8g，料酒 6g，醪糟汁 20g，胡椒粉 5g，香油 3g，鸡精 5g。

制作步骤

① 将肉蟹洗干净，改刀成块，加入姜片、葱段、胡椒粉、料酒码匀，备用。

② 净锅上火、入油，油温升至 6 成热时，拣去姜片、葱段，将肉蟹放入锅内炸至呈红色捞出。

③ 净锅上火、入油，油温升至 3 成热时，下入猪肉末炒香，下入姜米、泡椒节、葱段炒匀，放入芽菜末炒香。

④ 加入鲜汤烧开，放入肉蟹，加入酱油、盐、醪糟汁、糖色烧至入味。

⑤ 汤汁过半时，放入鸡精调味，汁干亮油时下入香油调匀。

⑥ 起锅，装入裹有锡箔纸的盘内即可成菜。

注意事项

1. 此菜应选用肉蟹。

2. 炸蟹时油温不宜过高。

3. 汁水要烧干。

70. 什锦全家福

操作视频

准备材料

主料：猪肉末 150g，水发响皮 100g，鹌鹑蛋 30g，猪肚 100g，午餐肉 100g；
辅料：胡萝卜条 50g，青笋条 100g；
配料：姜片 10g，葱段 12g；
调料：盐 6g，胡椒粉 5g，鸡精 5g，料酒 6g，水淀粉 16g，鸡蛋液 100g。

制作步骤

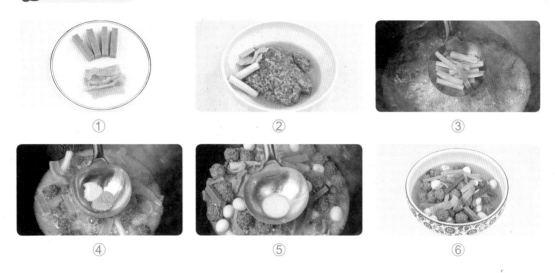

① ② ③ ④ ⑤ ⑥

① 水发响皮改刀成条，猪肚洗净后放入锅中煮，水开后撇去浮沫，捞出后改刀成条，午餐肉改刀成条。

② 猪肉末中加姜片、葱段、鸡蛋液、盐、料酒、胡椒粉、水淀粉，制成肉馅。锅内放油烧至 5 成热，把肉馅捏成小丸子，下锅炸至定形。

③ 锅内加水烧开，下胡萝卜、青笋焯水，捞出备用。

④ 锅内加油，下姜片、葱段炒香，放鲜汤肉丸、响皮、猪肚，加盐、料酒、胡椒粉调味，烧至软糯。

⑤ 放入鹌鹑蛋、午餐肉、胡萝卜、青笋，加鸡精、水淀粉勾芡至汁浓起锅。

⑥ 装盘即可。

😋 注意事项

1. 掌握青笋、胡萝卜焯水的时间。

2. 由于几种原料的质地不同，要注意掌握烧制时间。

操作视频

准备材料

主料：牛肉 250g；
辅料：苹果 50g，橘子 50g，菠萝 50g，番茄 50g；
调料：翠红甜椒粉 50g，蚝油 15g，海鲜酱 20g，五香粉 10g，白糖 50g，盐 5g，卡夫奇妙酱 20g。

制作步骤

① 将牛肉切成 1cm 左右的丁，用活水冲洗，去除肉中残留血水，然后放入沸水中煮至去腥。

② 取一口高压锅，锅中加入牛肉、清水、五香粉、盐，大火烧开，然后盖上锅盖，上气后压 20 分钟，取出备用。

③ 将水果切成丁，放入碗中，加入卡夫奇妙酱，轻轻拌匀备用。

④ 净锅上火，倒入冷油，油温升至 7 成热时，下入牛肉浸炸至酥脆，出锅沥油备用。

⑤ 取一个大圆盘，盘中倒入翠红甜椒粉备用。净锅上火，倒入少许清水、白糖，中小火熬制，待白糖化至浓稠、呈霜白色时，下入海鲜酱、蚝油拌匀，再下入牛肉翻炒均匀。

⑥ 将裹满糖浆的牛肉放入装有翠红甜椒粉的盘中，让牛肉裹满甜椒粉，再转入盘中即可成菜。

☕ 注意事项

1. 牛肉一定要压粑，在炸制的时候要注意火候，炸至酥香。

2. 熬糖时注意控制火候，熬制时起大泡、浓稠、呈霜白色即可。

准备材料

主料：牛里脊 200g；

辅料：黄瓜片 50g，香菇块 25g，小米椒粒 10g；

调料：蚝油 10g，美极鲜 6g，盐 3g，料酒 5g，嫩肉粉 5g，胡椒粉 3g，水淀粉 10g，鸡精 6g，蛋清糊 20g，姜葱水 15g。

制作步骤

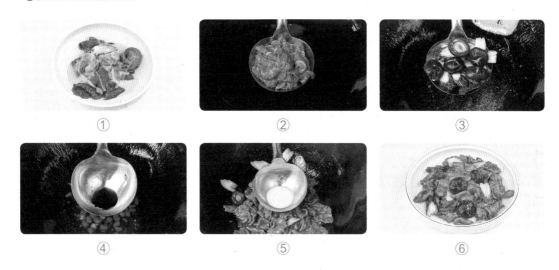

① 牛里脊改刀成片，加姜葱水、美极鲜、料酒、胡椒粉、嫩肉粉、蛋清糊拌匀。

② 锅内入油，油温升至 3 成热时，下牛里脊滑散，捞出备用。

③ 香菇、黄瓜过油，捞出备用。

④ 锅内入油，加蚝油、小米椒粒炒香，加入美极鲜、盐、料酒、鸡精调味。

⑤ 加入牛里脊，翻炒均匀，加水淀粉勾芡。

⑥ 待汤汁浓时起锅装盘即可。

> ☗ 注意事项
>
> 　1. 主料要厚薄均匀。
>
> 　2. 注意嫩肉粉的用量。

73. 藏红秘香骨

准备材料

主料：排骨 200g；

辅料：藏红花 2g，红枣 10g，枸杞 5g，木瓜 250g；

配料：姜片 5g，葱段 5g；

调料：盐 2g，冰糖 30g，料酒 6g。

制作步骤

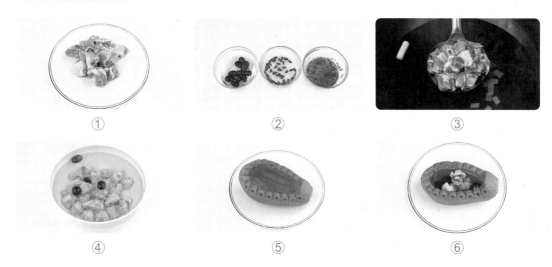

① 排骨斩成约 2cm 长的小段，冲净血水备用。

② 红枣、藏红花、枸杞加水浸泡备用。

③ 锅内加水，放姜片、葱段、料酒、盐，烧开后下排骨，撇去浮沫后捞出备用。

④ 炖盅加水、盐、排骨、冰糖、大枣，上笼蒸 2 小时。

⑤ 木瓜剖两半，中间挖空备用。

⑥ 排骨、大枣倒入木瓜中，加入藏红花、枸杞，蒸半小时即可。

注意事项

1. 盐起去腥作用，应少加。

2. 木瓜不宜蒸太久，防止变形。

74. 脆椒焗澳洲烧排

操作视频

准备材料

主料：猪排骨 600g；

辅料：胡萝卜粒 20g，洋葱粒 20g，香菜节 10g，小米椒粒 10g，脆椒末 200g；

配料：姜片 10g，葱段 15g，蒜米 50g，八角 3g；

调料：叉烧酱 15g，生抽 6g，盐 3g，料酒 8g，鸡粉 5g。

制作步骤

① ② ③
④ ⑤ ⑥

① 猪排改刀成约 5cm 长段备用。锅中加水，放入猪排，加姜、葱、料酒、盐，煮熟后捞出备用。

② 锅中加油，炒叉烧酱，放入胡萝卜粒、洋葱粒、香菜节，炒香出味，加小米椒、八角。

③ 加鲜汤，烧开后下排骨，加盐、鸡精调味，加生抽、料酒，焗至香软，待汤汁浓稠起锅。

④ 干锅入油，油温升至 5 成热时，放入猪排，炸至表皮酥香，捞出备用。

⑤ 锅置小火，放入脆椒末、蒜米炒匀，放入排骨，调味翻炒均匀。

⑥ 起锅装盘即可。

🍲 注意事项

　1. 猪排要焗至爬软。

　2. 炒脆椒末时，火不要太大。

操作视频

准备材料

主料：鲜虾 100g；
辅料：网皮薄饼 1 张，红薯银针丝 400g，草莓 150g，猕猴桃 150g，葡萄 150g；
配料：姜片 5g，葱段 5g；
调料：盐 5g，料酒 10g，沙拉酱 50g，面粉 50g，生粉 15g，吉士粉 10g，泡打粉 3g。

制作步骤

① ② ③

④ ⑤ ⑥

① 虾去壳，去头留尾，加姜片、葱段、料酒、盐，腌制码味。
② 碗中加入面粉、生粉、吉士粉、泡打粉，放入色拉油、水，调制脆浆。
③ 锅内入油，油温升至 5 成热时，放入红薯银针丝，炸至干脆。
④ 锅内入油，油温升至 5 成热时，放入裹上脆浆的虾，炸至外脆内嫩。
⑤ 水果切丁，加沙拉酱拌匀备用。
⑥ 虾炸好后起锅，粘上沙拉酱，裹上炸好的红薯松，装盘即可。

⚕ 注意事项

1. 控制好炸红薯银针丝的油温。
2. 注意脆浆调制的比例：面粉 5，吉士粉 1，泡打粉 1，生粉 1.5。

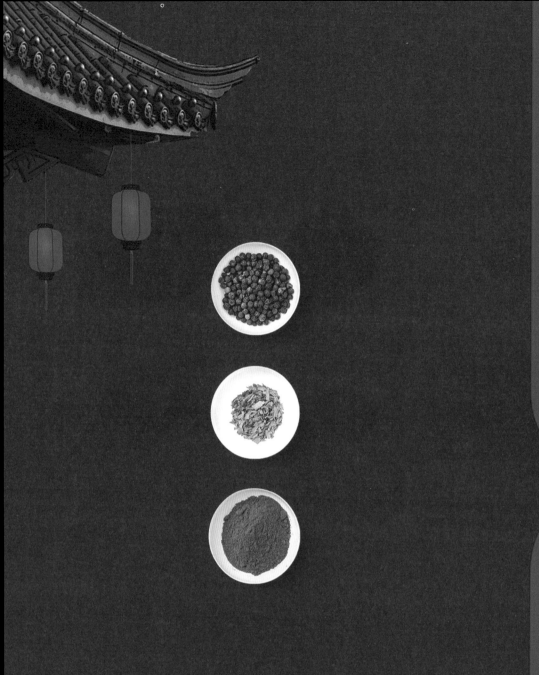

酒店流行菜

76. 毛血旺

据说，重庆沙坪坝磁器口古镇水码头有一王姓屠夫，每天把卖肉剩下的杂碎以低价处理。他的媳妇张氏觉得可惜，于是当街支起卖杂碎汤的小摊，用猪头肉、猪骨加入老姜、花椒、料酒，用小火煨制，加豌豆熬成汤，加入猪肺叶、肥肠，味道特别好。有一次，张氏在杂碎汤里直接放入鲜生猪血旺，发现血旺越煮越嫩，味道更鲜。这道菜是将生血旺现烫现吃，遂取名"毛血旺"。"毛"是重庆方言，就是粗糙、马虎的意思。

操作视频

准备材料

主料：鸭血 350g；

辅料：黄豆芽 150g，牛百叶 100g，猪黄喉 100g，午餐肉 100g，鳝鱼片 100g；

配料：蒜米 10g，葱花 15g，干辣椒节 75g，姜米 10g；

调料：香油 10g，豆瓣酱 75g，胡椒粉 3g，花椒油 10g，酱油 5g，盐 2g，干花椒 40g，火锅底料 100g，鸡精 5g，白糖 3g。

制作步骤

① 将鸭血切成长 6cm、宽 3cm、厚 0.5cm 的片，午餐肉切成长 7cm、宽 3cm、厚 0.5cm 的片，黄喉切成长 6cm、宽 5cm 的梳子块，装盘备用。

② 在沸水锅中加入盐、鸭血片，大火氽制，去除杂质、异味后捞出沥水备用。

③ 在沸水锅中加入鳝鱼片，大火氽制，待黏液去除后捞出沥水备用。

④ 净锅上火、入油，油温升至 3 成热时，加入豆瓣酱，炒至酥香出色，放入姜米、蒜米炒香，加入干花椒和火锅底料，炒香出味后加入鲜汤，大火烧沸，放入胡椒粉、鸡精、白糖、酱油调味，放入黄豆芽，煮熟后捞入盛器，垫底备用。

⑤ 锅中原汤汁中放入鳝鱼片、午餐肉片，烧至成熟入味后捞出，盖在黄豆芽上备用。

⑥ 锅中原汤汁中放入猪黄喉和牛百叶，烧至成熟入味后捞入盛器中备用。

⑦ 锅中原汤汁中放入鸭血片，待烧热入味后捞入盛器中备用。

⑧ 盛器中淋上花椒油、香油，灌入原汤备用。

⑨ 净锅上火、入油，油温升至 6 成热时，加入干花椒和干辣椒，炒香至味浓时舀入盛器中，撒上葱花即可。

☕ 注意事项

1. 鸭血烧制前先氽制，否则易影响鲜美度。

2. 烧制时注意下料的顺序。

准备材料

主料：鸡心 150g，鸡肠 150g，鸡胗 150g；
辅料：芹菜节 200g；
配料：泡椒末 15g，姜片 10g，葱段 10g，泡姜片 5g，蒜片 5g，马耳朵葱 5g，马耳朵泡椒 10g；
调料：干花椒 5g，胡椒粉 3g，鸡精 3g，酱油 10g，淀粉 5g，醋 5g，白糖 3g，料酒 10g。

制作步骤

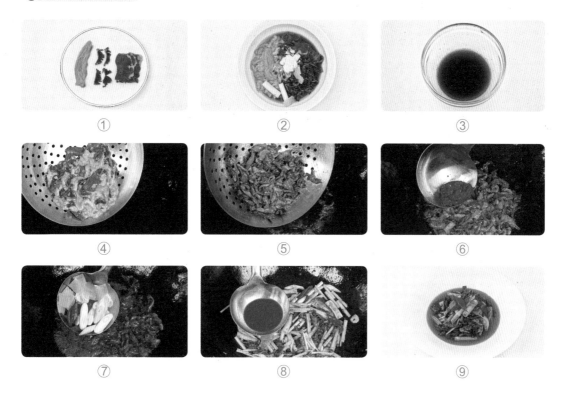

① 鸡心滚刀切片，鸡胗切眉毛形，鸡肠切节。
② 碗中放入切好的鸡杂，加入姜片、葱段、干花椒、料酒、酱油和淀粉，码味上浆备用。
③ 净碗中加入酱油、醋、胡椒粉、鸡精、白糖、淀粉、清水，搅拌均匀，调制成味汁备用。
④ 净锅上火、入油，油温升至 5 成热时，加入鸡杂，快速滑至散籽，捞出沥干油备用。
⑤ 净锅上火、入油，油温升至 3 成热时，加入滑好的鸡杂。
⑥ 加入泡椒末，快速炒香出色。
⑦ 加入马耳朵泡椒、泡姜片、蒜片、马耳朵葱炒香。
⑧ 加入芹菜节，翻炒至断生，烹入味汁，收汁亮油出锅。
⑨ 装盘成菜。

> ### 😋 注意事项
>
> 1. 鸡杂初处理要干净。
> 2. 鸡杂切片时要注意刀工技法。
> 3. 滑制时油宜多，炒制时火宜大，快速成菜。

78. 韭香鳝鱼

操作视频

准备材料

主料：鳝鱼片 250g；
辅料：魔芋 150g，红薯粉条 150g，韭黄花 100g；
配料：姜米 5g，蒜米 5g，泡椒末 20g，鲜青花椒 20g；
调料：盐 5g，鸡精 2g，香水鱼料 150g，醋 50g，辣椒面 20g，料酒 15g。

制作步骤

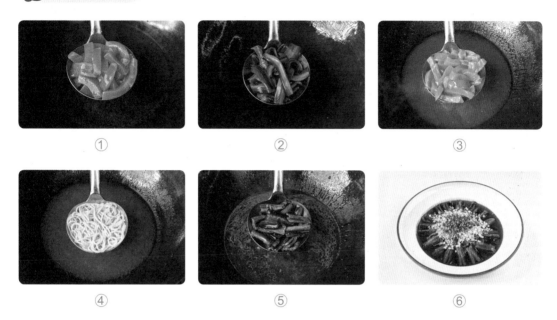

① ② ③

④ ⑤ ⑥

① 鳝鱼片冲干血水，斩成约 5cm 长的段，红薯粉条用开水浸泡备用，魔芋放入沸水锅中焯水，去碱味备用。

② 净锅上火、入油，油温升至 5 成热时，下入鳝鱼炒干水汽，捞出备用。

③ 锅中留油，放入泡椒末、辣椒面炒香出色，加入姜米、蒜米炒香，加入香水鱼料炒香，加入清水烧开，放入焯好的魔芋烧入味。

④ 放入泡好的红薯粉条推匀，加入盐、鸡精、料酒、醋调匀，将魔芋和红薯粉丝捞出，放入碗中垫底。

⑤ 锅中留原汤，下入鳝鱼，烧至入味捞出，摆入碗中。

⑥ 放上韭黄花、鲜青花椒，淋上热油即可成菜。

☺ 注意事项

1. 鳝鱼片炒干水汽即可。
2. 红薯粉条要泡透。

79. 麻婆脑花

操作视频

主料：猪脑花 300g；
辅料：豆腐 100g，蒜苗花 75g，牛肉末 100g，花生碎 25g，葱花 5g；
配料：姜米 5g，蒜米 5g；
调料：盐 2g，鸡精 10g，豆瓣 25g，豆豉 10g，料酒 5g，辣椒面 20g，花椒油 15g，生粉 50g，蛋清 50g，酱油 10g。

制作步骤

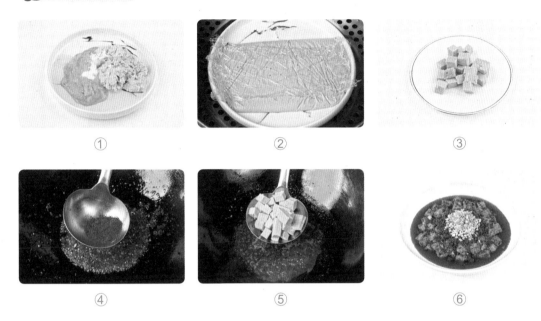

① ② ③

④ ⑤ ⑥

① 猪脑花洗净，去筋去膜，过筛压成泥；豆腐洗净，过筛压成泥；将猪脑花泥和豆腐泥一起放入碗中和匀，加入盐、鸡精、蛋清、生粉调匀。

② 将调好的猪脑花泥和豆腐泥放入盘内，再放入蒸笼蒸至成熟定形。

③ 蒸熟后，将脑花豆腐切成约 1.5cm 的方块备用。

④ 净锅上火、入油，油温升至 4 成热时，下入牛肉末炒酥捞出，再下入豆瓣、豆豉炒香出色，继续加入姜米、蒜米、辣椒面炒香，再加入鲜汤煮沸。

⑤ 下入脑花豆腐继续煮沸，加入盐、鸡精、酱油、料酒，烧至入味，再下入蒜苗花炒至断生，最后下入水淀粉勾芡。

⑥ 将煮熟的豆腐脑花盛入盘中，撒上炒酥的牛肉末、花生碎、葱花，淋上花椒油即可成菜。

注意事项

脑花泥和豆腐泥都要压细，蒸的时候火不宜太大，否则会蒸泡、起蜂窝眼。

80. 干烧鳝丝

操作视频

主料：鳝鱼片 400g；
辅料：青椒丝 25g，红椒丝 25g，仔姜丝 25g；
配料：葱白丝 20g；
调料：盐 2g，生抽 5g，白糖 2g，鸡粉 3g，蚝油 10g。

制作步骤

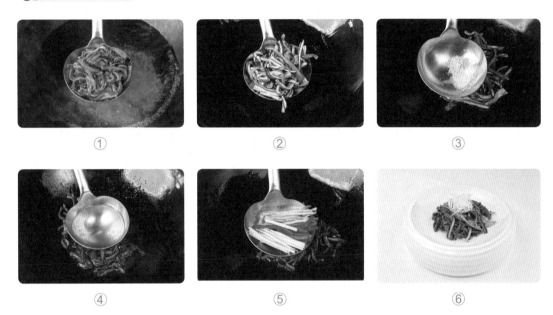

① ② ③

④ ⑤ ⑥

① 鳝鱼片切成粗丝，冲洗干净。净锅上火，加入清水，水煮沸后下入鳝鱼丝，汆制后备用。
② 净锅上火、入油，油温升至 7 成热时，下入鳝鱼丝炒干水汽。
③ 放入盐、生抽、白糖、蚝油、鸡粉调味。
④ 加入少量鲜汤，烧开煮入味，小火烧干水分。
⑤ 下入青椒丝、红椒丝、仔姜丝，炒至断生入味，舀出装入盘中。
⑥ 撒上葱白丝即可成菜。

注意事项

鳝鱼丝水分要烧干，味道不要太咸。

81. 孜然羊肉

准备材料

主料：羊里脊肉600g；
辅料：洋葱粒150g，灯笼红椒粒60g，灯笼青椒粒60g，熟白芝麻60g；
配料：姜片5g，葱段8g，香菜5g，姜米10g，蒜米20g；
调料：辣椒面30g，花椒面35g，盐8g，料酒5g，孜然粉20g，鸡精6g，水淀粉15g，香油5g。

制作步骤

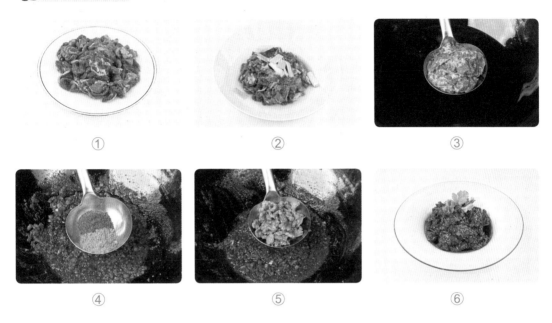

① ② ③

④ ⑤ ⑥

① 羊里脊肉洗净，改刀切成片，放入碗中。

② 羊肉中加入姜片、葱段、盐、料酒、水淀粉码匀。

③ 净锅上火、入宽油，油温升至3成热时，放入羊肉滑散，捞出沥油备用。

④ 锅中留少量油，油温升至3成热时，下入辣椒面，炒至油呈红色，放入姜米、蒜米炒香，下入洋葱粒、灯笼青椒粒、灯笼红椒粒，炒匀入味，继续下入盐、鸡精、花椒面、孜然粉调味。

⑤ 放入羊肉和匀，加入香油炒香，下入熟白芝麻炒匀。

⑥ 起锅装盘，撒上香菜即可成菜。

注意事项

1. 羊里脊肉过油时间不宜过长，以免肉质变老。

2. 炒料时火不宜过大。

3. 羊里脊肉的咸味要吃够，以免干辣。

操作视频

准备材料

主料：大明虾 500g；
辅料：香菜节 100g；
配料：干青花椒 5g，干辣椒节 20g，鲜青花椒 10g，葱段 100g，蒜粒 15g；
调料：盐 5g，火锅底料 10g，辣妹子酱 50g，干锅酱 5g，料酒 20g，鸡精 5g，花椒油 10g。

制作步骤

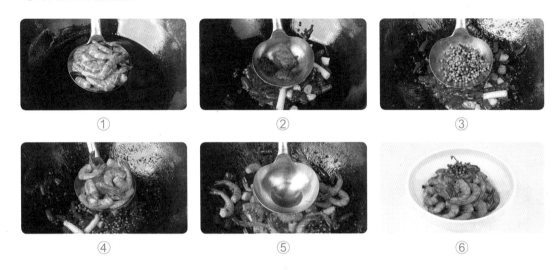

① 锅内入油，油温升至 5 成热时，放入虾，炸至变红后捞出备用。
② 蒜粒炒至微黄，加干青花椒、干辣椒节、葱段炒香，下干锅酱、辣妹子酱、火锅底料炒香。
③ 加鲜青花椒炒匀。
④ 放入虾，加料酒、盐、鸡精。
⑤ 放入花椒油，翻炒均匀。
⑥ 起锅后装入香菜垫底的盘中即可。

> **注意事项**
>
> 炒制时，火不宜太大，需小火炒制。

操作视频

准备材料

主料：仔鸭 750g；

辅料：土豆块 100g，香菇块 100g；

配料：泡姜片 15g，泡椒节 15g，姜片 20g，葱段 30g，葱花 20g，干辣椒节 30g，花椒 5g，蒜瓣 50g；

调料：盐 5g，鸡精 20g，啤酒 100g，八角 5g，桂皮 5g，山柰 5g，豆瓣酱 35g，酱油 15g。

制作步骤

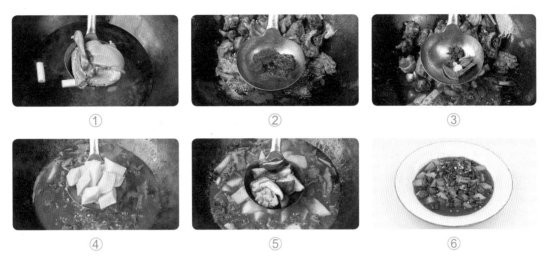

① ② ③

④ ⑤ ⑥

① 仔鸭洗净，去头去爪，先放入冷水锅中，煮去血水，再放入沸水锅中，加姜片、葱段，煮至 6 成熟捞出，斩成约 5cm 长的块备用。

② 锅内入油，油温升至 6 成热时，下鸭肉煸香，加豆瓣酱炒出色。

③ 加入泡椒节、泡姜片、蒜瓣、葱段、姜片、八角、桂皮、山柰，炒香出味。

④ 加酱油，炒至鸭块呈微黄，倒入啤酒，加盐、鸡精，小火慢烧炖至软，加入土豆。

⑤ 加入香菇，烧入味。

⑥ 起锅装盘，锅内加油，油温升至 5 成热时，下干辣椒节、花椒，炸香后淋菜品上，撒上葱花即可。

> 🍲 **注意事项**
>
> 1. 鸭内脏腥味重，先煮去血水再煸，然后焖烧，可去腥味。
> 2. 香料不宜太多，只起提味、增鲜作用。

84. 泡椒牛蛙

操作视频

准备材料

主料：牛蛙 600g；

辅料：西芹 150g，子弹头泡椒 100g；

配料：泡椒末 150g，野山椒末 100g，泡仔姜粒 100g，姜片 10g，葱段 15g；

调料：盐 8g，料酒 10g，胡椒粉 3g，鸡精 6g，水淀粉 15g，蛋清糊 150g。

制作步骤

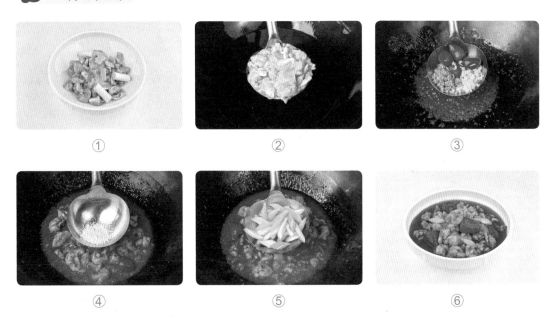

① ② ③

④ ⑤ ⑥

① 牛蛙宰杀洗净，改刀成丁，西芹去筋，改刀成菱形块备用。牛蛙加姜片、葱段、料酒、盐、胡椒粉，腌制码味。

② 锅内入油，油温升至 3 成热时，放入牛蛙，滑散后捞出备用。

③ 锅内加油，放入泡椒、泡仔姜、子弹头泡椒、野山椒，炒香出色。

④ 加入鲜汤，煮沸后加入盐、鸡精、胡椒粉调味，放入牛蛙烧开。

⑤ 加西芹烧熟，用淀粉勾芡。

⑥ 待汤汁浓稠起锅、装盘即可。

🍲 **注意事项**

1. 主料上浆，把水分过滤干。

2. 牛蛙烧制时间不要过长。

85. 辣炒田螺

操作视频

182

🍃 准备材料

主料：田螺 600g；
辅料：青二荆条圈 100g，红二荆条圈 100g，白芝麻 10g；
配料：干辣椒节 50g，姜米 120g，蒜米 200g，姜片 5g，干花椒 8g，葱段 8g；
调料：香辣酱 200g，火锅底料 50g，盐 6g，料酒 10g，香油 5g，鸡精 15g，花椒油 10g，蚝油 50g。

🍃 制作步骤

① ② ③

④ ⑤ ⑥

⑦ ⑧ ⑨

① 田螺洗净去角，净锅上火、入水，水煮沸后，下入姜、葱、料酒，再放入田螺汆制，汆好后捞出备用。

② 净锅上火、入油，油温升至 3 成热时，下入干辣椒节、干花椒一起炒香。

③ 放入香辣酱、火锅底料炒匀。

④ 下入姜米、蒜米炒香。

⑤ 加入鲜汤，烧开煮入味，下入盐、料酒、蚝油调匀。

⑥ 下入田螺，翻炒入味。

⑦ 放入青二荆条圈、红二荆条圈炒香。

⑧ 下入鸡精、香油、花椒油和匀。

⑨ 撒上白芝麻后起锅装盘。

♨ 注意事项

1. 田螺汆制时间不宜太长，以免肉质变老。

2. 炒田螺时，汁要收浓，以免味淡。

86. 太安鱼

提起重庆市潼南区太安镇的鱼，在巴蜀食文化中颇有几分名望。据《潼南县志·物产篇》记载"鳊鱼，即唐诗'缩项'鳊。产县太安镇瓦漩沱。腹如越斧，色青黑，味鲜美，实为他处罕见。"太安人便以此鳊鱼为主料，创造出一套独特的烹调技艺，制成闻名川中的"太安鳊鱼"，这也就是今日"太安鱼"的前身。随着"太安鳊鱼"声誉日隆，销量剧增，瓦漩沱所产的鳊鱼，实难满足市场的供应。于是，太安人便另辟蹊径，用产量颇丰的花鲢、白鲢、草鱼等鱼类作主料，以干辣椒、豆瓣、姜、葱、蒜及猪油、牛油、菜油类的混合油为配料，改传统的"大火豆腐细火鱼"的烹调方法为"大火煮细火煨"，重在把握火候。这样就创制出了今天的"太安鱼"。

操作视频

准备材料

主料：草鱼 750g；

辅料：魔芋丁 75g，豆腐丁 75g；

配料：姜片 10g，葱段 10g，姜米 15g，蒜米 15g，葱丁 30g，干辣椒 30g，干花椒 5g，泡姜末 15g，泡椒末 15g，葱花 20g；

调料：盐 5g，鸡精 15g，料酒 10g，酱油 20g，醋 5g，白糖 5g，豆瓣酱 35g，红苕淀粉 100g，鸡蛋液 50g，碱粉 2g，花椒面 3g。

制作步骤

① 草鱼去内脏、去鳞后洗净，斩成 1.2cm 大小的丁，加入盐、碱粉、料酒、姜片、葱段，码味 20 分钟后，拣去姜片、葱段，再加入红苕淀粉、鸡蛋液揉匀。

② 净锅上火，加入清水，下入魔芋丁焯水，焯好后捞出备用。

③ 净锅上火，加入清水，下入豆腐丁焯水，焯好后捞出备用。

④ 净锅上火、入油，油温升至 5 成热时，下入鱼丁，炸至定形后捞出备用。

⑤ 净锅上火、入油，油温升至 5 成热时，下入豆瓣酱、姜米、蒜米、泡椒末、泡姜末，炒香出色。

⑥ 加入鲜汤，烧开后放入鱼丁，煮入味后放入葱丁，再加入盐、鸡精、白糖、料酒、酱油、醋调味，小火烧 15 分钟。

⑦ 加入豆腐丁、魔芋丁，烧 5 分钟。

⑧ 用水淀粉勾芡，起锅入盘。

⑨ 净锅上火、入油，油温升至 7 成热时，下入干辣椒、干花椒，炸香后舀出，淋在鱼上，撒上花椒面、葱花即可成菜。

注意事项

1. 上浆时，糊要厚一些。
2. 此菜用小火慢烧，时间要足，味道要透入鱼内部。

87. 椒爆鸭舌

操作视频

准备材料

主料：鸭舌 200g；
辅料：青小米椒节 100g；
配料：姜片 8g，蒜片 8g，马耳朵葱 12g，八角 5g，花椒 2g；
调料：香辣酱 8g，蚝油 5g，盐 5g，鸡精 5g，香油 3g。

制作步骤

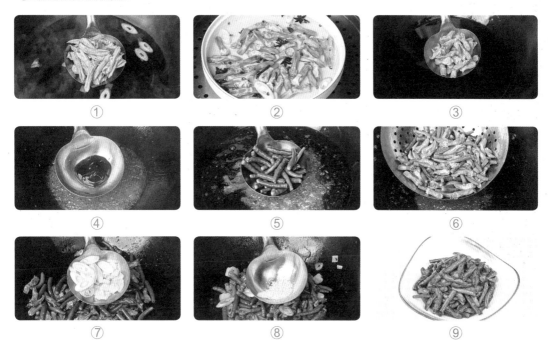

① 锅中加水，下入姜、葱、料酒、盐，鸭舌洗净后放入开水锅中煮，去除腥味，捞出备用。

② 鸭舌放入碗中，加水、姜、葱、料酒、盐、八角、花椒拌匀，放入蒸笼蒸制，蒸熟入味后捞出备用。

③ 锅内入油，油温升至 5 成热时，下鸭舌过油后捞出。

④ 锅底留油，下香辣酱、蚝油，炒香。

⑤ 放入青小米椒节，炒熟。

⑥ 放入鸭舌、青小米椒节，炒匀。

⑦ 放入姜片、蒜片、马耳朵葱，炒香调味。

⑧ 加盐、料酒、鸡精，炒匀后淋上香油。

⑨ 起锅装盘即可。

注意事项

1. 鸭舌蒸制时间不宜太长。
2. 注意香辣酱的量和菜肴咸淡。

88. 大漠风沙羊

操作视频

准备材料

主料：羊腿肉 750g；

配料：姜片 30g，蒜米 75g，葱段 30g，香菜 20g；

调料：盐 15g，鸡精 25g，卤水 500g，面包糠 150g，辣椒面 20g，花椒面 5g，料酒 30g，孜然粉 15g，全蛋淀粉糊 80g。

制作步骤

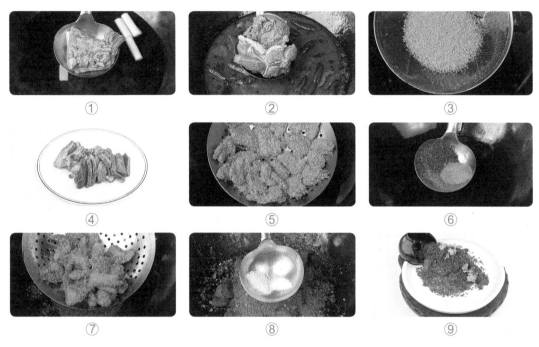

① ② ③ ④ ⑤ ⑥ ⑦ ⑧ ⑨

① 净锅上火、入清水，下入姜片、葱段，加入料酒、盐，放入羊腿肉，漂净血水后捞出备用。

② 将羊腿肉放入卤水中，卤至成熟。

③ 锅内入油，油温升至 5 成热时，放入冲洗干净的蒜米，炸至金黄酥香，面包糠入 5 成热油温的油中，炸至金黄备用。

④ 卤好的羊腿肉切片备用。

⑤ 羊肉片裹全蛋淀粉糊，再裹上面包糠，炸至酥香备用。

⑥ 锅内加少许油，下辣椒面、花椒面、孜然粉炒香。

⑦ 下羊肉片翻炒均匀。

⑧ 加蒜米、面包糠，翻炒均匀，加入鸡精、盐调味。

⑨ 翻炒入味后起锅装盘，洒上香菜即可。

🍲 注意事项

1. 羊腿肉要卤炟，辣味可重一点。

2. 蒜米要反复冲洗。

3. 炸制蒜米、面包糠时要注意油温。

89. 辣子鸡

　　相传在乾隆年间，岳钟琪被派往蜀地平乱。由于地势险要，久久没有办法攻克。酣战了几个月，岳钟琪发现在练兵的时候，士兵有气无力，睡意困顿。岳钟琪不但是名猛将，还博学多才，他知道蜀地寒湿重，士兵驻扎都江堰后，湿气入体，导致身体不适。岳钟琪知道辣椒可以去湿气，于是就将辣椒运输到蜀地，让士兵们吃。可问题又来了，士兵们吃了辣椒后又口干舌燥，需要大量饮水，这样士兵们就总是出入茅厕，让操练更加没有秩序。军中有位厨子，叫范怀忠，他就地取材，将辣椒和鸡肉放在一起炒。士兵们吃了这道菜，食欲大增。因为当时辣椒被称为地辣子，所以大家都称这道菜为"地辣子鸡块"。

操作视频

准备材料

主料：仔鸡 500g；

辅料：油酥花生 50g；

配料：葱花 30g，葱段 15g，姜片 10g，干花椒 5g，干辣椒节 200g；

调料：盐 5g，鸡精 10g，熟芝麻 10g，料酒 10g，香油 15g，黄豆酱油 10g。

制作步骤

① 仔鸡斩成约 0.5cm 大小的丁，加入盐、料酒、姜片、葱段，码味备用。

② 净锅上火、入油，油温升至 7 成热时，下入鸡丁，炸至酥脆捞出。

③ 锅内留少量底油，先下入鸡丁炒香，再下入盐、鸡精、料酒、黄豆酱油炒入味。

④ 加入干花椒、干辣椒节炒酥香。

⑤ 加入酥花生炒香。

⑥ 加入熟芝麻炒匀。

⑦ 加入香油和匀。

⑧ 加入葱花炒匀。

⑨ 起锅装盘即可成菜。

🍲 注意事项

1. 炸鸡丁时，油温要高一点。

2. 炒干辣椒节时，火不要太大，以免炒煳。

90. 菌香青椒牛腩

操作视频

☁ 准备材料

主料：牛腩 500g；
辅料：杏鲍菇 150g，青小米椒 50g；
配料：姜片 10g，葱段 15g，八角 5g，桂皮 5g，花椒 3g；
调料：豆瓣酱 15g，老抽 5g，盐 6g，料酒 8g，鸡精 6g，淀粉 8g。

☁ 制作步骤

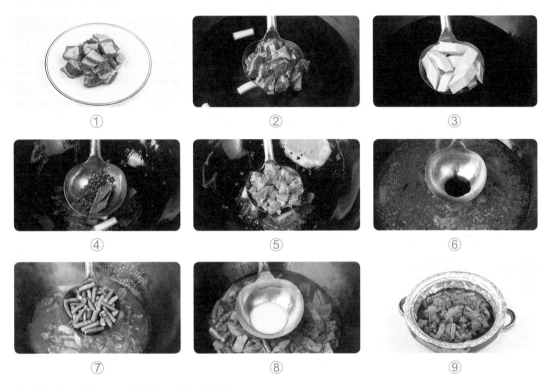

① ② ③

④ ⑤ ⑥

⑦ ⑧ ⑨

① 牛腩改刀成块，杏鲍菇改刀成块，备用。

② 锅内加水，放姜片、葱段、料酒、盐，烧开后下牛腩，煮至水开后捞出备用。

③ 杏鲍菇焯水，捞出备用。

④ 锅内加油，油温升至 3 成热时，下入豆瓣酱、姜片、葱段炒香，再加入桂皮、八角、花椒炒香。

⑤ 放入牛腩，加水烧 30 分钟。

⑥ 用老抽、盐、料酒调味，烧至入味。

⑦ 放入杏鲍菇、青小米椒，烧熟入味。

⑧ 加鸡精，用淀粉勾芡。

⑨ 待汤汁浓稠起锅、装盘即可。

🍲 注意事项

1. 烧制牛腩前，要把血水清除干净。

2. 掌握好烧制牛腩的时间。

操作视频

准备材料

主料：鸭肠 300g，猪舌 400g；

辅料：粉丝 60g，金针菇 70g，洋葱 30g，胡萝卜片 20g，青笋 400g；

配料：姜米 30g，蒜米 30g，青小米辣 10g，红小米辣 10g，葱花 30g，香菜 20g，野山椒末 20g；

调料：盐 10g，白醋 20g，鸡汁 20g，胡椒粉 10g，料酒 15g，食用碱 20g，黄椒酱 50g。

制作步骤

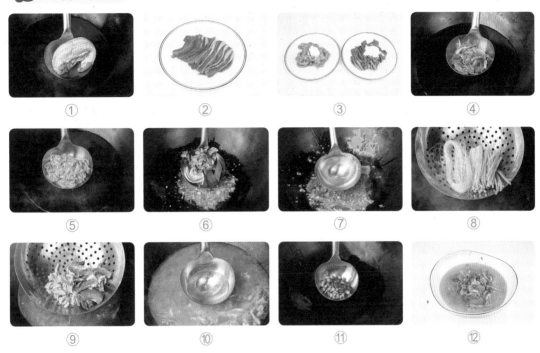

① 净锅上火，倒入清水，下猪舌，水开后煮 5 分钟。

② 捞出猪舌，刮去舌苔，洗净后切薄片备用。

③ 将猪舌放入碗中，加少许食用碱，腌制 15 分钟，然后用清水淘洗干净。鸭肠洗净后切长节，放入碗中，加少许食用碱，腌制 10 分钟后用清水淘洗干净，备用。

④ 锅中加入清水，将舌片下入冷水锅中，利用加温让碱味快速排出，水开后捞出，放入冷水中漂洗 5 分钟，无碱味时捞出备用。

⑤ 锅中加入清水，将鸭肠下入冷水锅中，利用加温让碱味快速排出，水开后捞出，放入冷水中漂洗 5 分钟，无碱味时捞出备用。

⑥ 净锅上火，倒入冷油，待油温升至 3 成热时，下入黄椒酱、野山椒末，炒香出味，加姜米、蒜米、葱花炒香，加入香菜、洋葱、胡萝卜炒匀。

⑦ 加入清水，开大火，烧开后转小火，熬制出色出味。

⑧ 捞去残渣，加入盐、胡椒粉、鸡汁调味，校准味型后放入粉丝、金针菇、青笋，煮至断生后捞出，装入汤碗中垫底。

⑨ 锅中留原汤汁，下入猪舌、鸭肠，泡煮至断生。

⑩ 加入白醋调匀，再次校准味型后，装入汤碗中。

⑪ 净锅上火，倒入冷油，油温升至 3 成热时，下入青小米辣、红小米辣，炒至断生出香出味。

⑫ 将汤料淋到菜品上即可。

☺ 注意事项

1. 猪舌、鸭肠加食用碱腌制时，注意碱的用量及腌制的时间。

2. 猪舌和鸭肠下锅煮制的时间不宜过长，以免肉质变柴。

92. 香府土鳝鱼

操作视频

准备材料

主料：鳝鱼片 250g；

辅料：芹菜 150g，青二荆条 60g；

配料：姜片 10g，葱段 20g，马耳朵葱 30g，泡椒节 15g，泡姜片 30g，蒜片 30g，花椒 10g；

调料：豆瓣酱 20g，酱油 5g，胡椒粉 8g，白糖 3g，鸡精 5g，盐 5g，料酒 15g，花椒油 5g，香油 5g，水淀粉 15g。

制作步骤

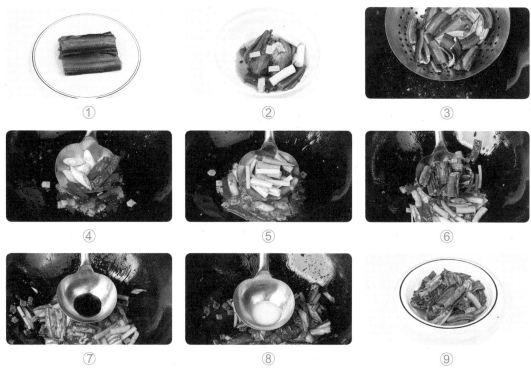

① ② ③

④ ⑤ ⑥

⑦ ⑧ ⑨

① 鳝鱼片洗净，去头去尾，改刀成长约 5cm 的段，芹菜去叶、洗净，切成长约 5cm 的节，青二荆条切成长约 5cm 的段。

② 鳝鱼片中加入姜片、葱段、料酒、盐、胡椒粉、花椒，码味腌制。

③ 锅中加水，烧开后下鳝鱼汆制，去血污后捞出，再入油锅略炸，捞出备用。

④ 锅中下油烧热，下豆瓣酱、泡姜片、蒜片炒香，再下泡椒节、马耳朵葱，炒出味。

⑤ 加入青二荆条、芹菜，炒至断生。

⑥ 放入鳝鱼片，翻炒均匀。

⑦ 加鸡精、白糖、酱油，翻炒均匀。

⑧ 用水淀粉调味后，加花椒油、香油，再次翻匀。

⑨ 起锅装盘即可。

☗ 注意事项

掌握操作工艺流程技法，注意火候。

操作视频

准备材料

主料：去皮五花肉 400g；

辅料：冬笋丝 100g，干辣椒丝 35g；

配料：开花葱 20g，姜丝 5g；

调料：盐 3g，鸡精 10g，豆瓣酱 10g，辣椒面 10g，酱油 5g，花椒面 3g，熟芝麻 5g，香油 5g。

制作步骤

① 五花肉去皮，切成粗丝，净锅上火、入油，油温升至 7 成热时，下入五花肉，反复煸炒至水汽烧干。

② 下入冬笋丝炒香。

③ 加入豆瓣酱、盐调味，继续煸炒至酥香。

④ 下入干辣椒丝、姜丝炒香，加入酱油调味，再加入辣椒面炒香。

⑤ 加入鸡精调味，下入熟芝麻炒香，加入香油调匀，最后加入花椒面调匀。

⑥ 起锅装盘，配上开花葱即可成菜。

☙ 注意事项

1. 炒锅需先炙好，以免煸炒时粘锅，影响成菜质量。

2. 掌握煸炒时的火候。

操作视频

准备材料

主料: 牛蛙 600g;
辅料: 芹菜 100g;
配料: 姜米 10g, 泡椒末 30g, 蒜米 15g, 葱丁 15g, 姜片 10g, 葱段 10g;
调料: 酱油 5g, 盐 5g, 料酒 6g, 白糖 6g, 醋 5g, 水淀粉 8g, 蛋清糊 50g。

制作步骤

① 牛蛙宰杀洗净, 砍成丁, 加姜片、葱段、料酒、盐, 腌制 10 分钟码味, 芹菜切寸节备用。

② 用酱油、盐、料酒、白糖、醋、水淀粉兑碗汁备用。

③ 锅中加油, 油温升至 3 成热时, 下入牛蛙滑散至断生, 倒出备用。

④ 锅中加入油, 下入泡椒末、姜米、葱丁、蒜米炒香出色, 下入牛蛙, 翻炒均匀。

⑤ 加入芹菜炒至断生, 倒入碗芡, 收汁亮油。

⑥ 起锅装盘即可。

注意事项

1. 牛蛙要控干水分后挂糊, 防止脱浆。

2. 滑油时注意油温。

操作视频

准备材料

主料：水发脆肠 300g；

辅料：青小米辣丁 100g，红小米辣丁 100g；

配料：泡椒末 20g，姜片 15g，蒜片 15g，葱丁 20g；

调料：盐 5g，料酒 15g，豆瓣酱 20g，酱油 5g，辣鲜露 3g，水淀粉 15g，花椒油 3g，鸡精 5g。

制作步骤

① 净锅上火，加入水，水沸后下入脆肠，汆制后捞出。

② 将脆肠改刀切成约 1cm 的花丁。

③ 净锅上火、入油，油温升至 7 成热时，下入脆肠爆散后捞出，备用。

④ 净锅上火、入油，油温升至 5 成热时，下入豆瓣酱、泡椒末炒香。

⑤ 下入姜片、蒜片、葱丁炒香。

⑥ 下入青小米辣丁、红小米辣丁炒香。

⑦ 下入脆肠，加入盐、鸡精、酱油、辣鲜露、料酒调匀。

⑧ 用水淀粉勾芡。

⑨ 加入花椒油，起锅装盘即可成菜。

☷ 注意事项

1. 脆肠用碱水发制后要漂净碱味。

2. 爆炒时，火要大、油要宽。

操作视频

准备材料

主料：去皮羊腿肉 2000g；

辅料：洋葱粒 300g，青椒粒 200g，红椒粒 200g；

配料：八角 10g，山柰 10g，桂皮 8g，白蔻 5g，小茴 5g，姜片 10g，葱段 15g，姜米 30g，蒜米 60g，
干辣椒节 6g，花椒 6g；

调料：辣椒面 60g，花椒面 20g，孜然粉 30g，盐 20g，料酒 10g，糖色 200g，香油 6g，花椒油 8g，鸡
精 6g，白芝麻 20g。

制作步骤

① ② ③

④ ⑤ ⑥

⑦ ⑧ ⑨

① 将主料洗净，净锅上火，加入水，锅内下入姜片、葱段、料酒，再下入羊腿肉，水开后撇去血沫，
捞出后洗净。

② 锅内放油，油温升至 3 成热时，下入姜片、葱段、八角、山柰、桂皮、白蔻、小茴、干辣椒节、花
椒，炒香。

③ 加入鲜汤烧开。

④ 下入盐、鸡精、料酒、糖色，调匀。

⑤ 下入羊腿肉，卤至软糯，捞出备用。

⑥ 锅内入宽油，油温升至 5 成热时，将羊腿下入锅中炸香，捞出摆入盘内。

⑦ 锅内放油，油温升至 3 成热时，下入辣椒面炒香，放入姜米、蒜米炒香，下入洋葱粒、青椒粒、红
椒粒吃味。

⑧ 放入盐、鸡精、料酒、孜然粉、花椒面、花椒油、香油调味，下入白芝麻和匀。

⑨ 料汁起锅，淋在羊腿上即成。

☝ 注意事项

　　1. 羊腿肉要卤软入味。

　　2. 炸制的时间不宜过长。

97. 沸腾爬爬虾

操作视频

准备材料

主料：爬爬虾 500g；

辅料：黄豆芽 150g，芹菜节 50g，葱段 50g，香菜 25g，红小米椒 30g；

配料：泡姜片 25g，泡萝卜片 25g，干辣椒 100g，干红花椒 30g，姜米 15g，蒜米 15g，姜片 15g；

调料：豆瓣酱 35g，火锅底料 25g，辣椒面 15g，胡椒粉 2g，十三香 2g，料酒 15g，盐 5g，鲜酱油 5g，辣鲜露 5g，花椒油 10g，猪油 35g。

制作步骤

① 虾去须和虾线，加入胡椒粉、姜片、葱段、料酒、盐，码味备用。

② 锅内入油，油温升至 5 成热时，放入虾，炸至定形。

③ 将黄豆芽、大葱段、芹菜节放入清水锅中，焯熟后垫底备用。

④ 锅内下色拉油、猪油，加豆瓣、姜米、蒜米爆香，再加红小米辣、花椒、辣椒面、火锅底料、豆瓣酱炒香，加入鲜汤烧开。

⑤ 打去废渣，放入泡萝卜片、泡姜片、十三香，加入酱油、辣鲜露烧开。

⑥ 放入爬爬虾，煮入味。

⑦ 加入少许花椒油，起锅后放入盛豆芽的盘中。

⑧ 锅内入油，油温升至 6 成热时，加入干红花椒、干辣椒炝香，料汁淋在虾上。

⑨ 撒上香菜叶即可。

☕ 注意事项

1. 虾线要去除干净，滑油时油温不要过高。

2. 花椒油不耐高温，起锅前才加。

操作视频

准备材料

主料：鳗鱼 500g；

辅料：青二荆条节 25g，红美人椒节 25g，洋葱末 25g，洋葱块 50g；

配料：姜片 10g，干辣椒丝 5g，葱段 10g，葱花 10g；

调料：盐 3g，鸡精 5g，料酒 5g，辣椒面 10g，花椒面 3g，孜然粉 5g，白糖 2g，蛋清 20g，生粉 15g，吉士粉 15g。

制作步骤

① 鳗鱼宰杀后洗净血水，斩成段。

② 加入盐、鸡精、料酒、姜片、葱段，码味 1 小时，然后裹上蛋清、粘上生粉和吉士粉混合的粉料。

③ 用竹签串上鳗鱼段、青二荆条节、红美人椒节、洋葱块，净锅上火、入油，油温升至 6 成热时，下入鳗鱼串，炸至外酥里嫩。

④ 净锅上火，加入少许油，下入洋葱末、干辣椒丝、辣椒面、花椒面、孜然粉炒香。

⑤ 下入鸡精、白糖、料酒调味。

⑥ 下入炸好的鳗鱼串，裹上味，起锅后撒上葱花即可成菜。

注意事项

1. 炸制时油温高一点，不要炸太久，炸熟即可。

2. 炒料时，小火炒香即可。

99. 藿香焗鲜鲍

操作视频

准备材料

主料：鲜鲍鱼 10 只（500g）；

辅料：藿香末 50g，酱黑蒜 50g；

配料：干辣椒 100g，干花椒 20g，八角 8g，山柰 8g，白蔻 3g，小茴香 3g，香叶 2g，姜片 10g，葱段 10g；

调料：盐 5g，鸡精 5g，蚝油 15g，蒸鱼豉油 10g，料酒 10g，生粉 10g，糖色 15g。

制作步骤

① ② ③

④ ⑤ ⑥

① 鲜鲍鱼洗净，锅内加水，放入姜片、葱段、料酒、盐，水烧开后放入鲍鱼汆制。

② 锅内加油，下姜片、葱段、八角、山柰、白蔻、小茴香、香叶，炒香出味，加入干辣椒、干花椒炒香，加入藿香末炒匀。

③ 加入鲜汤烧开，加入盐、鸡精调味，加入糖色调匀，加入料酒调匀，加入汆制后的鲍鱼，泡卤至熟备用。

④ 蚝油加入清水锅中，烧开。

⑤ 加淀粉，收汁亮油。

⑥ 将料汁淋在鲍鱼上，放上酱黑蒜即可。

> 😋 注意事项
>
> 卤制鲍鱼时，在卤水烧开 2 分钟后即可关火，泡半小时让其自然入味为好。

操作视频

准备材料

主料：美蛙 500g；

辅料：青小米辣圈 100g，红小米辣圈 100g，仔姜丝 100g；

配料：姜米 10g，蒜米 10g，泡椒末 20g，干辣椒节 15g，干花椒 5g，香菜 15g；

调料：盐 5g，鸡精 20g，料酒 20g，豆瓣酱 35g，白芝麻 5g，清油火锅底料 150g，蛋清豆粉 20g。

制作步骤

① 美蛙去除头、爪、皮、内脏，加入盐、料酒、蛋清豆粉码匀。

② 净锅上火、入油，油温升至 3 成热时，下入美蛙，滑熟后捞出备用。

③ 锅内入油，油温升至 5 成热时，下入豆瓣酱、姜米、蒜米、泡椒末炒香，再下入清油火锅底料炒香。

④ 加入鲜汤烧开。

⑤ 加入盐、鸡精调味。

⑥ 下入青小米辣圈、红小米辣圈调味。

⑦ 下入仔姜丝调味。

⑧ 下入美蛙，小火煮至入味，起锅倒入汤盘。

⑨ 锅内入油，油温升至 7 成热时，下入干辣椒节、干花椒、白芝麻。将炸好的油淋在美蛙上，撒上香菜即可成菜。

🍲 **注意事项**

1. 美蛙滑油时，时间稍微长一些，肉要滑熟，肉质要嫩。

2. 煮的时候火不要太大，应小火慢煮入味。